园 林 美 学

主 编 梁隐泉 王广友
副主编 李淑卿 卢振启 王绍军

中国建材工业出版社

图书在版编目（CIP）数据

园林美学/梁隐泉，王广友主编. —北京：中国建材
工业出版社，2004.8（2006.2 重印）
ISBN 7-80159-706-0

Ⅰ.园… Ⅱ.①梁… ②王… Ⅲ.园林艺术－艺术－
美学 Ⅳ.TU986.1

中国版本图书馆 CIP 数据核字（2004）第 069493 号

内 容 提 要

本书将美学基础与园林相关专业知识结合，对园林艺术、园林美的创造和欣赏等，以提纲挈领的方式做了编写。具有条理性强，文字简明，插图清晰，适于教学的特点。为便于掌握要点，章节后附有思考题。教材适用于园林专业本专科、成人自考、园林行业培训及相关专业参考。

园林美学

主编 梁隐泉 王广友

出版发行：中国建材工业出版社
地 址：北京市西城区车公庄大街 6 号
邮 编：100044
经 销：全国各地新华书店
印 刷：北京鑫正大印刷有限公司
开 本：787mm×1092mm 1/16
印 张：7
字 数：163 千字
版 次：2004 年 8 月第一版
印 次：2006 年 2 月第三次
书 号：ISBN 7-80159-706-0/TU·371
定 价：11.00 元

网上书店：www. ecool100. com

编　委　会

前　言

　　园林专业需要美学原理,而不是泛泛地探讨美学,倘若用美学术语套用于园林,又显得头重脚轻,有"夹生"之感。为此,本教材为适应没接触过美学,又需要园林美学知识的园林本专科、成人自考学生及园林工作者而编写。开篇为美学基础知识,进而依次介绍园林美学,每节后附思考题,以便于掌握知识点。

　　教材力求做到:适用、精练、够用。尽量不旁征博引,不罗列各家名言,尤其是尚无定论之说。对于确需了解的,给出明确的较为公认的观点。凡与相关学科交叉之处,仅从美学角度略加展开,或加以注明,例如:详见园林史。

　　教材采取主编负责,集体制定大纲,分头提供资料,一人执笔,共同修改,讨论定稿的运作方式。克服了分写统稿,风格杂乱的弊端。

　　编写过程中得到了河北农业大学园林与旅游学院、河北省林业局的大力支持与鼓励。并得到了南京林业大学汤庚国教授的指导,在此一一致谢。

　　应教学之急需编写此教材,对于引用相关参考书目的作者表示感谢,教材供更多的人使用有您的一份贡献。不妥之处望读者指正,以求完善、实用。

编者

2004.7

目　　录

1

第1章 美学纲要

美学思想的产生与发展是一个漫长的历史过程,独立成为一门学科迄今不过270年左右。正因为是年轻的学科,处于发展阶段,各家存有争议,形成不同学派、体系,乃至出现尚无定论的情况是正常的,是走向成熟的标志。本章就美学涉及到的美、美感、美的创造等内容加以简介。

1.1 美学思想溯源

爱美之心,人皆有之。人"惟天地万物父母,惟人万物之灵"(《泰誓上》)。人的概念涵盖远古至今,因此,有了人类便有了美。随着人类物质生产不断向前发展,美的领域被扩大,美的形态日益增多,人类审美经验更加丰富,审美能力也日渐提高。近代文明促使人们向各领域深入细致的探索、思考,当归纳出认识世界的哲学时,便有了审美经验与意识的思索与反思。于是最初的美学思想便应运而生了。

西方美学思想源于古希腊。早期的美学思想多为只言片语,且依附于自然哲学。代表人物当推柏拉图(Platon,公元前427~公元前347年)和他的弟子亚里士多德(Aristotele,公元前384~公元前332年)。他们把对美的哲学思考同艺术实践结合起来。柏拉图提出的"什么是美"的问题,至今仍然吸引着无数学者去探索,亚里士多德的《诗学》则成了文艺美学的最早经典。

古罗马基本延续了古希腊的美学思想,赫拉斯(Quintus Horatius Flaccus,公元前65~公元前8年)的《诗艺》、朗吉斯(Casius longinus,约231~273年)的《论崇高》,都是沿着亚里士多德开辟的文艺美学思维探索,进而提出并分析了崇高这一美学范畴。

文艺复兴时期人道主义的生活理想得到发展,表现在文艺和美学方面有三大基本特征:①艺术独立于神学之外,使人的才能得以发挥;②重新评价古希腊文化,进一步探讨艺术创造中的理论与技巧,强调人的尊严与个性;③要求艺术描绘现实,不再描绘神。提倡艺术家研究自然科学理论,如光学、解剖学、透视学等,并运用于绘画创作。文艺复兴给美学思想发展带来了生机与活力,促进了学科的形成。

近代欧洲,新兴的资产阶级,着力探讨认识世界的主观心理条件。英国的经验主义哲学、大陆理性主义哲学及法国的启蒙运动,都给美学思想发展注入了新的活力。诸如莱布尼茨(Gottfried Wilhelm Von Leibniz,1646~1716年)沃尔弗(Christian Wolff,1679~1754年)对理性的研究,维科(Giovanni Battista Vico,1668~1744年)对想像的研究,休谟(David Hume,1711~1776年)对感情和观念的研究,都对后来美学学科的提出,做了思想和理论准备。维科关于诗人是根据诗的想像,而不是理智逻辑进行创作的观点;休谟《人性论》中,用情感解释审美现象,把美归结为快乐等,专心于人类主体心理研究的论点,终于导致了德国启蒙运动时期美学家鲍姆嘉通(Alexander Gottieb Baumgarten,1714~1762年)于1725年提出,1750年正式用 Aesthetik 作为专著名称,建立了美学学科。

中国美学思想源于先秦。西周末期,周太使伯提出和谐为美的观点,作为美学智慧的灵光闪现,至少早于西方三百多年面世。而孔子作为儒家的代表,强调美与善的统一,提出了"质胜文则野,文胜质则史,文质彬彬,然后君子"(《论语·雍也篇》)的论点。道家老子提出"大音希声"、"大象无形"等美学观点,较古希腊先哲早了一百多年。先秦至两汉,儒家重善轻美的哲学伦理逐渐被强化。魏晋南北朝时期,并未重蹈中世纪欧洲美学思想受神学束缚而影响发展的覆辙。此时美不再被看作善的附庸,而是转变为重美轻善,美学思想疏远了政治伦理,与玄学、佛学的探讨相联系。至隋唐中叶,形成一种新的美学思想,即与佛学特别是禅宗结合起来。追求超脱人世烦恼,达到绝对自由,但不否定个体生命的价值,不完全脱离世俗生活,幻想通过个体心灵、直觉、顿悟去达到一种绝对自由的人生境界。如果说先秦两汉把美学思想作为形而上学和伦理学问题进行研究,魏晋南北朝以后则转入了审美心理的探讨。明代中叶到戊戌变法期间,随着商品经济的发展,中国资产阶级开始萌芽,出现了个性解放的浪漫主义倾向。美学思想呈现出推崇唯真的自然之美,力求艺术独创,强调美与实用、功利的思想不同,重视审美心理考察。五四运动后,美学思想走上了用西方美学观点研究中国传统美学的道路。王国维等人的一批著作作为建立中国美学做出了开拓性的工作,而使近代中国美学具有独立形态的是辛亥革命后的蔡元培,他对于美学的重视和美育的提倡,使得中国美学走上了真正意义上的发展之路。

应当承认,中国美学思想先于西方而产生,但到了 20 世纪 30 年代才出现了一代美学宗师——朱光潜,及至 80 年代才形成具有中国特色的当代中国美学体系。究其原因,主要因为西方学者走了一条捷径,即一开始就把美和美学作为哲学的一部分加以研究,直击美的本质,而中国的研究则从开始便和政治、伦理纠缠在一起。此外,西方从 1750 年将美学独立为一门学科,而中国则在 1840 年前后才开始确立此观念。因而,人们研究中国美学发展历程时形容中国的研究有"起了 100 年的早,赶晚了 100 年的集。"的说法,堪称精辟。

思考题:
   1. 举出中外美学思想代表人物各 2~3 名。
   2. 中西方在美学思想研究上出现超前与滞后的原因何在?
   3. 中国美学思想发展可分几个阶段,有何特点?

1.2 美学与美论

如前所述,目前美学处在发展和走向成熟的阶段,要给这门学科下一个不争的定义是不太现实的。只能大体上给出一个多数人比较能接受的概念。汲取各专著对美学的界定可归纳为:美学是研究美、美感和美的创造的一般规律的科学。从根本上说是一门关于审美价值的学科。由于主要通过对文学艺术中的哲学问题加以探讨来进行研究,美学又有"艺术哲学"之称。美学又与伦理学、社会学、教育学、历史学等社会科学乃至数学、化学、物理学、生物学、工程学等自然科学相联系。因此,美学是介于各种学科之间的一门独立的"边缘科学"。

美学的界定已是众说纷纭,但大都比较接近。而要回答美学中"美是什么?"这个所谓美的本质的定义,就更为复杂,更显得莫衷一是了。

古往今来,许多著名的哲学家、美学家都探讨过美是什么,从不同的角度提出了众多不同的有关美的本质的定义。诸如:美是人们的观念,美是和谐,美是典型,美是理念,美是生活,美是关系,美就是真,美就是善……凡此种种,不一而足。多得难以计数。现代西方有不少人对美的本质能否被认识抱怀疑态度。这种局面似乎柏拉图早意识到了,美可意会、不可言传,甩出了一句谚语"美是难的",让今天的人们仍觉应验与神奇。

之所以"说不清楚"是因为从审美客体(客观事物)分析:美是到处都存在的东西,却并非是一目了然的。美,乍看起来,一清二楚,稍加思索,便觉玄妙,难解其真面目。这是因为美是发展变化的,有的甚至稍纵即逝,使人难以把握、琢磨。更主要的是,美还分别表现于自然界、社会生活和文学艺术作品中,并存在着不同的形态。所以,从不同形态、千差万别的美的事物中,得出其定性的本质,绝非易事。从审美主体(人)的方面看。爱美之心,人皆有之,古代人和现代人对美的追求与向往出现极复杂的情况与差异,是很正常的。孔子的名言:"智者乐水,仁者乐山。"、"仁者见仁,智者见智。"就论证了人对美的反映大相径庭。即使同一个人,对同一个对象,在不同条件下,往往也会产生不同的审美评价。这种差异同样给认识和把握美的本质造成很大的麻烦。何况社会生活中无奇不有的种种怪异现象时常成为待解的谜团,其为美学研究者设置的棘手课题是可以想见的。

尽管如此,人们有理由相信,世间一切事物,都是终将可以被认知的。美是什么,其本质的科学界定,迟早会在争鸣中逐渐达成共识。原因有三:①先哲们的探索、正反两方面的经验,为我们积累了大量可借鉴的思路;这笔巨大的财富,将使得今日的学者起步更高,更迫近谜底。②现代科技的发展为美学的研究提供了极为有利的条件。③历史唯物主义、辩证唯物主义哲学,足以克服时代与阶级的局限性。从整个社会发展史中,从人类认识世界、改造世界的实践活动中,考察、研究美,最后一定能解开美学中的这道难题。

思考题:

如何认识美学中尚无定论的难点?

1.3 美的特征

从本质上讲清什么是美虽然争议颇多,但对美的特性的认识却是趋于一致的。人们完全可以从美的共性去感受、体验美。

美的特征有三个方面:

1.3.1 美与事物的不可分离性

美是抽取了许多美的事物中所共有的内涵而形成的概念。它只能在一个个具体事物的形象中得到表现。也就是说,美的抽象只能在具体事物中去理解,脱离了具体事物,美便不复存在。

1.3.2 美具有可感染性

美总是伴随生动的形象出现,而这种具体的生动形象总能引起人的愉悦感,诸如:幸福、快乐、振奋、爱慕、舒畅、满足……即使是从悲痛的震撼中获取的痛快地宣泄,也是一种愉悦。

1.3.3 美具有功利性

美反映人的智慧与力量,人是社会成员,生活在一定的社会功利关系之中,所以美就有了

3

功利性。美对人或者有利,或者有用、无妨、无害,否则就不美了。即使是大自然的美,也是人格化了的自然赋予了人的认知、思维与想像而形成的。

综上所述,我们可以以园林为例来分析。美在园林,园林美与园林密不可分,园林给人以愉悦,提供休闲、娱乐的场所,反映人们建设园林(包括利用自然为主的主题公园)的智慧与力量,并服务于社会、服务于人。

思考题:

美有哪些特征? 举例说明。

1.4 美与真善丑

一般说,由于"真"指的是客观事物本身存在及其发展变化的规律,而客观事物又与人存在利害关系,进而形成善恶与道德意识,加之事物又是具有美学属性的,因此,真、善、美、丑就既有了联系又有了区别。其具体关系如下:

1.4.1 美与真

广义上讲,"真"是指从客观世界的运动、变化发展中表现出来的规律性。作为科学认知的对象,它本身无美丑可言。而美作为人改造世界的能动性的表现,也不能等同于"真"。只有在"真"被人认识、掌握、运用时,体现了人的创造、智慧、才能和力量,因而唤起人的美感,"真"才成为了审美的对象。

1.4.2 美与善

通常,人们的善恶观念是以实践上是否符合人的目标为划分依据的。在阶级社会里,符合某一阶级普遍利益的,该阶级以为"善"。此时,美就以这种"善"为前提,并以这种美为该阶级的"善"服务。例如,封建社会以摧残妇女的缠足为美,冠之以"三寸金莲"、"走路风摆荷叶",以此束缚妇女的人身自由。"善"强调实践活动的目的性;"美"重在改造世界的能动性、创造性以及智慧、才能和力量的现实肯定性。"善"是直接与人的功利目的相联系的;"美"则隐晦了功利性,只是以认识和观赏中的好恶取舍现象出现而已。

1.4.3 美与丑

美与丑是矛盾的对立统一、相辅相成的两个方面。丑也同样具有三个方面的特征:丑的事物常违背自身发展规律;有碍于人;其外在组合形式多是凌乱的,不能取悦于人的。美是一种肯定性的价值,它使人振奋、愉悦、欢快;丑是一种否定性的价值,它使人厌恶、鄙弃、反感。可以认为丑是美的否定。

应当指出,美与丑既然是一对矛盾体,也就遵循了相互依存、相互转化的法则。美与丑相互比较、参照才能衬托出对方,才能进行美与丑的评判。美与丑的相互转化在现实生活中是显而易见的,如伐树后遗留的树桩,遗弃乡野路边或柴堆之中,粗陋不堪,可谓丑;而经过巧手雕琢修饰之后,焕然成为精美的根雕作品,陈列于大雅之堂,可谓美。再如精良材质的美玉,如若落到粗俗匠人之手,造型庸俗,难成美器不说,反而失去天然之美。

丑本身也同样需要认真分析,而不是通过简单判断就能认定的,因此,必须说明的是:丑不等于恶。比如人的形象,长相丑,不一定本质上恶。甚至一些畸形、毁损、芜杂的形象,也应当具体分析,好比园林中的观赏石,常以陋为奇绝。

4

思考题:

1. 丑有哪些特征?
2. 什么是真、善、丑?
3. 分别说明美与真善丑的关系。

1.5 美感

美感是人们在审美过程中,对客观存在的美所产生的心理感受、体验、认识、欣赏和评价,常会引起各种联想和想像,并不由自主地产生一种惬意、喜悦、同情、爱慕、向往……的心情,从而获得精神上的最高享受。狭义的美感指的是审美者对美的具体感受,即审美感受。广义的美感指审美者在感受美的过程中产生的反映美的各种意识形式(又称审美意识)。它包括在审美感受基础上形成的审美趣味、审美观念、审美理想等。

美感主要有三个特征:个人直觉、社会功利性和动情性。

个人直觉指美感表现形式具有两层含义:直接性和直观性,也就是审美过程始终要在形象的具体的直接感受中进行而且无须思考,不假思索地判断对象美与不美。比如,在领略一朵花的美时,只听别人描述不行,须亲自品味,才能一目了然;而当游览苏州园林时,一旦步入其中,即便来不及判断主人造园时要表达的思想,也会被引入优美的意境,从而唤起美感,获得美的享受。

社会功利性指在个人直觉感受中潜藏着社会功利性。人总要受所生活的社会中政治、道德观念的影响,使审美感受反映一定时代特征,带上特定社会的功利色彩。比如,在古代,一些所谓"深山老林"被视为荒蛮之地,除了少数文人隐士少有人问津;而今,却成了人们趋之若鹜的"净土",引得众人纷纷去欣赏回归自然的宁静。

动情性反映审美者对审美对象的态度,它贯穿于审美过程的始终。人们在感受美、得到不同满足的同时,产生不同的快感,并与实用感结合成为一种高级情感形态,在享受美感时其他一切都被摆脱了,思想、情感和意志凝聚在这一兴奋状态中,表现为动情。

应当指出美感在审美过程中是逐步达到高潮的。最初,从事物外在的形、声、色得到的快感,仅仅是感性阶段。随着审美过程深入,会唤起经历过的生活、回忆、联想……,从而由美感上升到理性阶段。此时常会浮想出新的形象,产生新的喜悦,美感进一步深化了。还应说明的是,人与人是存在诸多差异的,而且同一人,在不同时代、环境中状态也会不同,因此,美感也就存在着差异性。

思考题:

1. 什么是美感?
2. 美感有哪些特征?

1.6 审美心理与审美趣味

美感就其心理功能而言,是在审美过程中产生的动情的、积极的、综合的心理反应。自美感形成起,虽然有时全过程只有一瞬,实际上也是感知、想像、情感和理解等心理功能综合活动的过程和产物。

1.6.1 感觉与知觉

二者实际上是审美过程中美感的感性阶段到理性阶段,审美者的生理到心理活动的发展变化过程。即首先以听觉、视觉,辅助以嗅觉、味觉、触觉对美进行直观反映,而后进入思维形成完整的美的形象,成为知觉而动情。

1.6.2 想像与联想

想像与联想是人类特有的一种思维活动,是将感知中获得的审美意象和旧的记忆表象再现、联结、综合、改造成新的审美意象。因此,联想与想像是以生活经验为基础的。记忆中存储的表象越丰富,想像的空间越大,联想的结合点越多,对美的感受越深入、透彻、强烈。

1.6.3 情感

情感指人对审美对象是否符合自身需要而产生的态度体验,是人对美感的一种特殊反映形式。情感可以表现为强烈的冲动、激情和平静、淡漠的心境。这种审美心理差异,因人而异。因此,对于同一美的事物,各人产生的美感不同,有的得到满足、愉悦;有的则视而不见,或见而无感、感而不知、知而不美。

1.6.4 理解

审美过程中的理解心理状态常是"心领神会"、"可意会不可言传"的。得到的美感妙不可言。多是一种"朦胧的内在意蕴"。这种审美理解取决于人的素质与修养,没有丰富的经验与知识储备,就难以完成想像与联想的过程,也就无从达到对审美对象的理解。

除审美心理因素差异之外,人的审美趣味也因人的个性差异,而在对美的欣赏与评判中产生差异。虽然"爱美之心,人皆有之",但俗语"萝卜、青菜,各有所爱"却反映了人由于先天和后天、生理与社会等诸多因素造成的审美趣味的千差万别。与此同时,审美趣味在时代性、民族性和阶级性上也存在着共性的一面,也就是社会性的共同审美倾向。

人的个性差异表现在审美趣味上的例子俯拾即是,而其共性中的时代性、民族性、阶级性在园林建筑上表现最为明显。欧洲中世纪的城堡庄园与文艺复兴时期的台地开放式园林风格,各代表了那个时代的审美取向。中国古典园林的山水楼榭,代表着中华民族文化,而其中供统治者享乐的皇家园林与文人雅士所乐道的有着山林野趣的私家园林,在审美趣味上显然被打上了不同阶级的烙印。

思考题:

1. 审美心理表现有哪些?
2. 想像与联想的基础是什么?对审美有何作用?
3. 举例说明个性差异表现在审美趣味上的不同。
4. 审美趣味表现在共性上有哪几方面?

1.7 美的创造

人类不仅欣赏、享受美,而且创造美。在客观世界里,虽然美的事物不全是人类创造的,诸如大自然、山川、海洋以及人以外的生物……但相当大的部分是人类创造的,还包括人化后的自然美。随着历史不断发展,人类活动空间加大,将会有更多美的事物打上人类的印记。

1.7.1 劳动创造美

劳动创造世界,劳动创造了人,这已是不争的真理。人在其生存、生活、发展中发现了美,并且随着生产力提高,生活质量的改善,促使思维意识增强,从发现美到逐渐形成爱美意识——爱美之心,也就同步出现了判断美的审美意识。在这种审美意识的支配下,通过寻找、发现、制作等一系列的劳动过程,创造出属于自己满意的具有审美价值的成果。如此便产生了一个不断产生新的追求,付出更多的劳动,获取更美的成果的往复循环的过程,从而使劳动对美的创造不断得到升华。以原始人打制石器为例,原始人为生存而打制石器作为工具。在长期的石器制作过程中,经过逐步淘汰后,保留、复制那些好看、好用的石器造型,并且由于这些工具的日趋完美,提高了生存质量,进而形成了原始的审美意识。原始人在发现了某些自然印痕具有美的特性,可以作为欣赏对象后,更是自然而然地产生了自觉创造美的欲望。今天出土的原始文物中,那些陶器、石器、骨器的器形、线条、图案等都记录了原始审美情趣及其由劳动创造的特征(见图1-1~图1-4)。

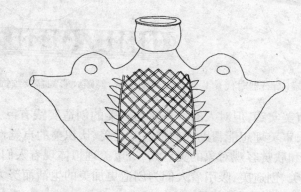

图 1-1 船形彩陶壶(新石器时代)

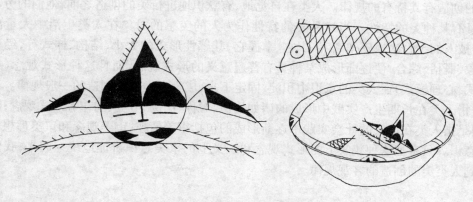

图 1-2 人面鱼纹彩陶盆及纹饰(新石器时代)

1.7.2 美的创造与审美理想

人们进行美的创造时,总离不开审美理想;而审美理想又是在人们创造美、欣赏美的活动中逐步形成的。就社会而言,一定时代的审美理想总是独具时代特色,其表现形态总是与一定的生产力状况相适应。例如我国汉代的艺术,不论是绘画中的画像石、工艺中的漆器,还是文学中的汉赋都是以生机勃勃、飞动流畅为其审美的特征。这显然与封建地主阶级第一次在中国建立的巩固的中央集权统治所表现的新朝气象密不可分。就个人而言,任何人的审美理想也绝不是天生的,它是由个人所特有的社会实践、地位、经历、行为、教养等决定的。因此,审美理想同社会意识形态一样,具有鲜明的时代、民族、阶级的烙印。具体看来,战国时楚王所好的细腰美女,与盛唐时雍容华贵的丰腴美人相比,就体现了形体美的审美理想在不同时代、社会间的迥然差异。

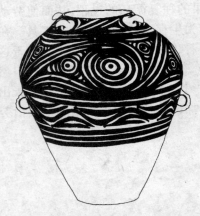

图1-3 涡纹双耳彩陶罐(新石器时代)

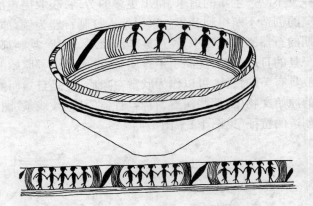

图1-4 舞蹈纹彩陶盆及纹饰(新石器时代)

审美理想产生于审美实践,但对人的审美活动和美的创造实践有巨大的反作用。这主要表现在两个方面:其一,审美理想能帮助人们提高感受美、认识美的自觉性和能力,从而能让人们及时地、敏锐地发现和欣赏客观对象的美。其二,审美理想体现着人们进行美的创造的理想目标,激励人们去追求美、创造美,吸引着人们为创造更加美的生活而努力奋斗。所以,审美理想与美的创造实践的关系是辨证的关系。

美的创造有其特有的规律。人类在自觉地、有意识地进行美的创造之前,他们的劳动产品就已经具有某种美的特性。当这种美的特性作为人的美感的对象在人类生活中大量出现之后,就会被人们千百次地感知它、认识它、掌握它,其感性形式的大小、结构、样式等,经人们思维的抽象、概括、综合,便逐渐形成某种具有普遍意义的形式观念,而且这种形式观念(或者叫经验模式、心理模式)在人类的意识中积淀、固定下来,成为人类美的创造的一般规律。从狭义上讲,是指人类在长期生产实践中形成的诸如均衡、对称、比例、节奏、韵律等形式观念;从广义上说,则是指人类在广泛的社会实践中逐渐形成的包括审美情趣、审美观念和审美理想等内在的审美意识。只有把这种狭义上的形式观念和广义上的审美意识辨证地统一起来,我们才能真正找到人类美的创造的客观规律。

思考题:

举例说明劳动创造美。

第2章 园林美学概述

园林美学属于应用美学范畴。本章将以美学基本知识与园林的有机结合,来对《园林美学》的基本点加以介绍。

2.1 园林美

园林美是园林艺术工作者,对生活(包括自然)的审美意识(思想感情、审美趣味、审美理想等)和优美的园林形式的有机统一;是自然美、艺术美和社会美的高度融合。

园林美的首要形态是自然美。园林作为现实生活境域,营造时借助于物质造园材料,如:自然山水、树木花草、亭台楼阁、假山叠石,乃至物候天象,如此等等。这些自然事物是构成园林作品的基础。显然这里提到的自然美是美的一种形态,不论是效法自然,取自然之物造园;还是圈定自然山水为游览憩居之地,都不再是原来客观存在的自然界了。因为自然界与人处在了一定关系之中,并体现了人的本质力量和智慧,因而具有了一种特定形态的自然美(见图2-1、图2-2)。

图2-1 自然风景美

比如,雅鲁藏布大峡谷早已存在千百万年,在没有科考人员探险之前,无从说起美与不美。即使是通过航拍探索,也是人与大峡谷发生了一定关系,此时的大峡谷已是"人化自然界",进入了人的审美视野,随着不断开辟的航线、路径深入其间,大峡谷的自然之美被不断地获取并推介给世人。

图 2-2 园林风景的自然美

园林作为艺术作品无处不体现其艺术美。园林艺术的形象是具体而实在的,但园林美不仅仅局限在可视的形象实体上,而是灵活运用形式美的形、声、色及其法则,调动种种造园手法与技巧,借助山水花草等形象实体,合理布置造园要素,巧妙安排园林空间,来传达人的特定思维情感,抒写园林意境。园林艺术作品被誉为"无声的乐章、无字的诗歌、立体的画卷。"足见它不是一个简单的物象,也不只是一片有限的风景,而是无处不显示的艺术美的作品。园林与诗歌、绘画都追求意境美。园林讲求"境生于象外",这种象外之境即园林意境,是虚景,是"情"与"景"的结晶。步入园林即可享受诗情画意之美感。尤其是中国古典园林那种在有限园林空间里,缩景无限的自然风光,造成咫尺山林的感觉,产生"小中见大"的效果,被拓宽的是艺术空间。如扬州个园的四季假山(见图 2-3~图 2-6),将春夏秋冬四时景色同时展现,从而延长了艺术时间,更突显了艺术时空,使园林美的艺术性在造园手法中得以强化,很好地体现了园林美的艺术美内涵。

园林艺术作为一种社会意识形态,作为基础上层建筑,自然地受社会存在的制约,并反映社会生活内容,表现主人或创作者的思想倾向,也就是社会美。比如,上海某公园有一座缺角亭,作为一个园林建筑单体来审美,缺角亭失去了完整的形象,但当得知此亭建于东北三省沦

10

陷于日本侵略者铁蹄之下的时期,园主故意将东北角去掉,以示为国分忧的爱国之心,再观此亭,非但不会觉得不美,反而会感到它那高层次的美感让你油然而生敬仰、赞美之情。此外,许多园林景观的自然风物、人文传说所体现的美,实质上也是一种社会美。

图 2-3 扬州个园四季假山之春

图 2-4 扬州个园四季假山之夏

图 2-5　扬州个园四季假山之秋

图 2-6　扬州个园四季假山之冬

　　之所以说园林美是自然美、艺术美和社会美的高度融合,而不是三种美的简单累加与拼凑,是因为园林美是三者组成的有机整体,比三种美的总和更富有美的价值。正如系统论的论断:"整体不等于各部分之和,而是要大于各部分之和"。因此,园林美是一个综合的美的体系。各种素材的美,各种类型的美相互融合,从而构成一种特殊的美的形态。

思考题：

    1. 园林美的内涵是什么？

    2. 怎样理解园林美涵盖的三种美的形态？

2.2 园林美学

    园林作为物化形态的园林艺术品，表现出特有的园林美。但园林美只是园林的现象和形式，不是形成园林审美功能的内在原因。只有用美学理论研究园林的造园思想，才能找出为什么美，进而总结其规律，用以借鉴古今，发展创新园林艺术，以更多、更鲜活的园林美来奉献世人。于是美学的一个新的分支——园林美学应运而生。

    园林美学是应用美学理论研究园林艺术的美学特征和规律(或曰造园思想)的学科。其内容包括：造园思想的产生、发展和演变及园林审美意识、审美标准、审美心理过程、哲学思维方法等。

    同美学一样，园林美学的美学思想(造园思想)由来已久。而发展形成一门学科只是近现代的事。这样也就不难理解，关于园林美学存在着名家争鸣成为学派的现状。

    关于园林美学造园思想的历史进程，详见《园林史》，不另赘述。作为一门应用美学新学科，同音乐美学、影视美学、建筑美学、技术美学等并列的美学分支一样，园林美学有着边缘交叉学科的特点。为使园林艺术的研究更加深入，就要求从事园林美学研究者具备广博的知识储备。园林美学是发展中的学科，随着园林事业的与时俱进，不断出现新的课题，诸如风景园林、生态园林等都需要从园林美学角度加以分析认识，使之得以发展壮大和提高，并且满足园林事业和国民经济健康同步发展和园林美学教育的需要。因此，不断完善园林美学理论研究和实践指导作用，使园林美学成为指导园林事业发展的理论基础，就成为了当务之急。

    现阶段，同美学一样，园林美学理论亦缺乏系统性和概括性。提及美学界对园林美学理论的研究探讨，因为存在园林知识欠缺及园林学者对美学理论缺乏深入了解的问题，就造成了园林美学研究中具有专门性的理论著作甚少，而具有公认的权威性的研究成果更是凤毛麟角。人们有理由相信，随着科学技术进步，美学与园林事业的共同发展，园林与美学专家将在不久的将来建立其严密的园林美学体系，科学地整理和发展园林美学理论与概念，在实践中推动园林艺术美学实践的快速发展。

思考题：

    1. 什么是园林美学？

    2. 园林美学研究的内容有哪些？

    3. "园林美学是研究园林美的"这种提法确切吗？为什么？

第3章 园林艺术

园林艺术是园林美学研究的主体,本章就园林艺术相关内容加以介绍。

3.1 园林艺术及其特征

园林艺术是通过园林的物质实体反映生活与自然之美,表现园林设计师审美意识的空间造型艺术。它常与建筑、书画、诗文、音乐等其他艺术门类相结合,成为一门综合艺术。园林艺术是一定社会意识形态和审美理想在园林形式上的反映。因此,也是精神领域的艺术。

园林艺术作为精神劳动的一种,必须借助一定的物质材料(造园材料),作为园林设计师的想像与构思的载体,以自然生活为蓝本,发挥造园技艺,创造出人的审美意识、情感、理想与一定的物质形式相结合的园林艺术品。

构成园林艺术作品载体的自然或人工材料均无意识,因此,不可能如戏剧、影视等由人物活动来惟妙惟肖地表达创造者的审美意识、情感和理想,而是间接地以优美的园林形式给人们带来生理上的愉悦和心理上的美感,为人们的工作与生活创造出一个怡人的环境氛围,达到陶冶情操、振奋精神、发挥美感教育的作用。

园林艺术也有被称为造园艺术的,有专家指出:“造园”只是指营建或修造园林的全过程,并不包括园林艺术的全部内容。园林艺术的完整内容应包括:造园和赏园。所造之园(园林艺术品),若封闭置之,没有游客欣赏享受,其艺术价值也难以实现。所以“造园”只突出了“造”而难以显示“欣赏”的成分。此外,“园林”比“造园”更富有现代气息和自然意味。“园林”既有自然造化,又具人工痕迹。过去的古典园林“造”味很浓,大多在人工环境里植草木、引水体、置山石,无论是再现自然,还是按人的意志对自然材料加工,从无到有,用“造园”较为贴切。现代园林不再是局限于把自然景色搬到人工环境的“造园”,而是包括了以自然造化为主的自然风景区、自然公园等。比如,地质公园是在自然地貌区加以“理景”而成,让人身临其境,领受大自然的神奇、壮丽、秀美,决不是“造”出来的,套用“造园”一词就尤显欠缺了。当然园林与造园是同一概念,只是园林比造园含义更宽泛而已。

作为艺术的一个门类,园林艺术有其自己的特征。

3.1.1 园林艺术的综合性

如前所述,园林艺术是以与多种艺术相结合来显示其综合性的。另外,其综合性还表现在学科构成上,它综合了生物学、生态学、建筑学、土木工程学、美学等多学科的相关理论,采用多种方法“协同”完成园林艺术品的研究与创造(见图3-1)。除学科与艺术的综合性外,园林艺术与其他艺术一样反映人们的社会生活,表现造园者的哲学思想和人生哲理,即将造园者的人生观、价值观、审美理想等哲学理念,以园林艺术形式加以表达。据此,园林艺术与哲学这门带有普遍性的学科,是紧密关联的,这也是其综合性的一种体现。

图 3-1　现代建筑与园林小品

3.1.2　审美与使用功能的统一性

园林艺术是一种带有实用性的艺术。实用艺术的美，突出特点是与功能相联系。例如，一只玲珑剔透的镂空玉雕酒杯，不论花饰如何精美，由于丧失了盛酒器皿的功能，就难以唤起人们完美的感情。作为具有更高实用美学意义的园林艺术，同样如此。园林作为满足人们文化生活、物质福利需求的现实物质文化环境，必须在布局等方面，能首先使游人感到生理和心理上的最大舒适，享受园林美是一个消耗体力的过程。设想一下，一座没有舒适的、可满足游览活动需要的设施的园林，假如当游览者疲乏时没有休憩之处，烈日当头而没有遮荫设施，饥渴难耐却无饮食供应等，即便景观再优美，怕也游兴大减，更谈不上品位美的意境了。一座不实用的园林，在景象构图上再煞费苦心，也不会真正给人以美感享受。

当然，凡事都有度，"实用"不能强调为"主义"。因为园林艺术的实用功能仅是一个方面，过分强调功能性，园林美必然降为功能性的一个附属品。园林艺术要求其实用功能和审美特性的高度统一。如片面强调实用，忽视乃至否定了审美，园林也就不复为艺术了。在文革浩劫期间，有过要在天安门广场的纪念碑前改种大白菜，颐和园种粮食的笑谈，要争取成为一座"园林粮仓"来自给自足，还有"茶树绿篱"等"园林结合生产"的提法，不仅片面理解而且歪曲了园林的实用功能。在当时突出政治实用的背景下，这些现象的出现有其特定的历史原因，而今看来实难言美。实用的园林应具备美的特征，美的园林也应兼备实用功能。这种辨证统一是园林艺术创作的原则之一。

3.1.3　技术、经济与园林的统一性

有了园林艺术的创意、构思，只是完成了园林工程的理论准备，接下来便是经济与技术工作的展开。园林的经济性首先表现在园林选址和总体规划上，其次表现在设计和施工技术上。园林建设的总投资，建成后的经济效益和使用期间的维护费用等，都是衡量园林经济性的重要方面。

园林投资是城市园林建设的先决条件，征地费用高的地盘未必是造园的理想基地，选址得当可以少花钱造好园。选址后便是造园施工投资及建成后运营管理的投资等，应当指出，好的园林不完

全是用钱堆出来的。在我国现有的经济条件下,合理选材、改进施工,提倡以植物为主,减小投资规模,增进园林艺术的审美功能,以优美的艺术效果来建设园林具有十分重要的现实意义。

造园须通过技术,所以园林审美观与科学技术水平有着直接关系。从古典园林中雄伟的殿堂、高耸的宝塔,到现代园林建筑中巧妙的结构、新型的材料、自控灯光、音乐喷泉、点睛的小品等,都从技术上表现出人的智慧和力量,给人以美感。

造园活动作为一种特殊的艺术创作过程或精神生产过程,其投资的经济效益,不同于一般物质生产采用投入与产出之比作为经济效益标准。它还要兼顾环境效益,即通过改善环境质量,给人民生产生活提供适宜的环境空间,诸如,净化空气、防止沙尘、调节温湿度等,创造提高人们身心健康的生态效益,来间接地产生尚未能定量计算的经济价值。

思考题:
    1．园林艺术是如何界定的?
    2．为什么园林艺术比造园艺术的提法更确切?
    3．园林艺术有哪三方面特征?
    4．怎样理解园林的实用功能?

3.2　园林艺术风格多样性

人类出于对大自然的向往,创造出富有自然生趣的游憩玩赏环境——园林,它是一种审美享受的手段。各国各民族虽然在对自然美的审美要求上有其同一性,但受地域、历史、文化、社会、心理等隔离的影响,形成了园林艺术的不同风格或称园林式样。对这些式样进行归类的园林学家甚多,见解与依据各异,较为全面的当推上世纪 30 年代的日本造园学家永见健一。他在《造园学》一书中将世界的园林式样划为三类:自然式(风景式)、整形式(建筑式、几何式)、折中式(混合式),并将对日本园林最具影响的世界主要园林式样进行了整理(表 3-1)。此表反映了园林艺术风格的多样性。

表 3-1　世界庭园主要样式一览

样　式　前　派	古埃及和西亚,印度和西亚
水　槽　派	四分式、八分式、方划式(印度—阿拉伯式)——Mugal 帝国
	中庭(喷泉式)——西班牙的阿拉伯式
图　案　派	古典整形式——古罗马
	中世纪整形式——中世纪欧洲
	露坛建筑式——意大利整形式(文艺复兴期)
	平面几何式——法国整形式(文艺复兴期)
	运河式——荷兰
	实用几何式——英国整形式(文艺复兴期)
	近古德国整形式——近古德国整形式(文艺复兴期)
自　然　派	写实(主义)风景式——18～19 世纪英国风景式
	写意(主义)风景式——中国和日本园林
样　式　后　派	19 世纪以后的那些园林,如构成式——德国整形式
混　成　派	19 世纪下半期以后的欧洲和美国

思考题:

如何理解园林艺术风格的多样性?

3.3 中西园林艺术异同

伴随时代发展,世界的经济、科技、文化全球化的趋势日渐成为事实。对中西园林艺术加以比较,借鉴国外园林艺术来促进我国园林事业的发展,有着理论与现实的意义。

3.3.1 中西园林艺术风格的差异性

世界园林艺术的多样性前文已开列,这些园林风格各成体系,皆有历史积淀,并形成了鲜明的特点和很高的艺术成就。仅以中国古典园林和法国古典园林为中西方园林艺术的代表,加以比较,审视中国传统园林艺术的造诣与局限,有利于我国园林艺术的创新与发展。

代表西方园林艺术风格的是17世纪下半叶法国古典主义园林,其特点是:一切园林题材的配合讲求几何图案的组织,在明确的轴线引导下作左右前后对称布局。甚至花草树木都修剪成各种规整的几何形状,表现出形式美的整齐一律(单纯齐一律)、均衡对称法则。总之一切都纳入到严格的几何制约关系之中,表现为明显的人工创造,从而形成了欧洲大陆规则式园林艺术风格(见图3-2)。显然,其强调的是人工美或几何美,认为它高于自然美。

图 3-2　西方园林规则式几何风格景园

中国古典园林艺术是中国文化艺术长期积累的结晶,它充分反映了中华民族对自然美的深刻理解力和高度的鉴赏力。中国人是人类历史上较早发现自然美,并将自然美的规律转化为人工美的巨匠。中国古代园林与西方传统的规则的几何形风格迥然不同,它是以自由、变化、曲折为特点,源于自然、本于自然、高于自然,将人工美与自然美相结合,从而达到"虽由人作,宛自天成"的效果,形成了自然式山水风景园的独特风格,堪称世界上最精美的人工环境之一(见图3-3)。

中西园林艺术风格的差异在于,西方着眼于几何美或人工美;中国(包括受中国文化影响的日本等)着眼于自然美。

17

中西园林艺术之所以形成截然不同的艺术风格,是由于:

3.3.1.1 中西方园林起源方式与状态受历史条件影响,各有不同,造成其艺术风格的差异

图 3-3 中国园林自然式山水风景园

早在公元前 11 世纪,中国园林的萌芽便是发源于自然。当时,周文王的灵囿就是圈定一块地域,加以保护,让天然的草木和鸟兽滋生繁育其中,供帝王贵族狩猎和游乐。囿中除了夯土为台(灵台)、掘土为沼(灵沼)外,都是朴素的天然景象。其天然植被、山川景色、飞禽走兽,相映成动静之野趣,实在无须再尽人为之能事了。可见,中国园林一开始就洋溢着纯粹供自己欣赏娱乐的,大自然的草莽山林气息。

西方园林,穷其根源,最初大都出于农事耕作的需要。如法国的花园就起源于果园和菜地。一块长方形的平地,被灌溉沟渠划分成方格,果树、蔬菜、花卉、药草等整整齐齐地种在这些格子形畦地里,全部为劳动生产的人工之作。在此基础上种植灌木、绿篱成为朴素、简单的花园,即为法国古典主义园林的胚胎雏形了。

园林艺术作为一种社会意识形态,无疑会和其他艺术门类一样,更多地受到社会条件和文化背景的影响。中西方园林艺术差异的形成显然与各自的历史条件相关。

3.3.1.2 中西方哲学思想体系的差异影响园林艺术的审美思想,其艺术风格势必出现差异

中国崇尚自然的概念源于老庄哲学,即道家思想。老子与庄子均为春秋战国时代的哲学家,那时正值封建制度取代奴隶制度的动荡时期,政治斗争和僵硬的意识形态窒息着一切生机。此时,士大夫阶层的自信心崩溃,理想幻灭,渴望逃避现实,远离充满斗争的社会,追求自然、适意、淡泊、宁静的生活情趣和无为的人生哲理。这种人生哲学表现在审美情趣上,是追求一种文人所特有的恬静淡雅、浪漫飘逸的风度,质朴无华的气质和情操。不以高官厚禄、荣华富贵为荣;相反,避风尘、脱世俗的文人雅士,遨游名山大川、寄情山水,乃至隐身山林、复归自然,寻找天人合一的慰藉与共鸣,投身隐士生活,成为了时尚追求。

这种崇尚自然的社会风尚,促使艺术家产生了表现自然美的情感动力。以大自然为源的山水、田园、山林、隐士题材,成为了诗歌、绘画艺术竞相开拓的领地。而这些以自然山水为题材的绘画与诗歌,促进了我国山水园林的诞生。许多园林设计都是出于画家之手,而山水画论也就当然成为了园林设计的原理,它们共同遵循"外师造化,中得心源"的创作原则。外师造化指以自然山水为创作的楷模,中得心源指经过艺术加工而使自然景观升华。园林艺术则是用

造园手段在选定的真实空间里再现自然美景,这种人与自然融合的天人合一理念,展示了中国人的哲理。

西方哲学中,代表唯理论的培根、霍布士和笛卡尔等,过分强调理性在认识世界中的作用,这种理性是先验的"天赋观念"。他们认为几何和数学无所不包,一成不变,是一切知识领域的理性方法。在这种唯理的观点影响下,法国古典主义园林被打上了鲜明的时代印记。17世纪下半页,正是法国绝对君权,国王便是一切的社会。此时,用几何和数学基础的理性判断取代了感性的审美经验,用圆规和数字计算美,"寻找最美的线形、最美的比例",而不是相信眼睛的审美能力。这自然也就影响了园林艺术几何风格的形成。

3.3.1.3 城市规模与规划布局的差异影响园林艺术风格

中国长期为中央集权制,其城市规模很宏大,各种建筑布局井然有序,呈棋盘格局。西方由于封建割据,国土四分五裂,城市规模常很小,且依地形布局,起伏弯曲而凌乱。这样,中国园林艺术为统一中求变化,西方园林则在变化中求统一,这也是两者风格各异的原因之一。

3.3.1.4 造园材料、地理条件等物质方面的差异也导致艺术风格的不同

物质条件差异表现在,中国多名山,利用山多、石材丰富的特点,运用不同石材的质、形、色、纹,营造出峰、岩、壑、洞,组成各异的假山,唤起人们对崇山峻岭的联想,使人仿佛置身于山川野趣之中。西方则善于利用大片土地构筑建筑来统帅园林,其石材应用,仅限于雕塑和建筑等领域。

3.3.1.5 宗教作为社会意识形态直接影响寺庙园林艺术风格的差异

西方多为以上帝信仰为主的单一宗教,其中以基督教最为普遍,其统治地位表现在教堂建筑与墓地园林中最为突出。在哥特式教堂寺院或园林中,正堂和耳堂交错为十字架形,拱立的尖顶显得冰冷、惨淡、肃穆,在教堂内部华美的装饰却是珠光宝器、金碧辉煌,造成人心理上屈服于基督教统治的环境氛围。中国佛、道教并存,寺庙园林也就更体现了佛道教义。高耸的宝塔,雄伟的殿宇,集建筑、雕塑、绘画为一身的石窟,以其特有的红、白、黑、棕、黄、蓝等色彩以及镏金屋顶等,营造出一种与西方寺院迥然不同的风格,使人有虔诚皈依之感。

3.3.2 中西园林艺术风格的同一性

中西园林艺术风格由于诸多原因形成了两大不同类型,但同属园林艺术门类,必然有可划分为同类的共同之处。了解其共性,相互取长补短,促使中西园林艺术的综合,在提倡东西方文化沟通的今天,具有现实意义。园林艺术作为一种优秀的世界性文化,也正朝着"世界园林"的目标迈进。

综合中西方园林艺术风格,有下列共同性:

3.3.2.1 以人为本的同一性

园林艺术是和人类生命运动有关联的时空艺术,即园林艺术是人的艺术。园林是由人创造设计的,为人而造的。人的内涵当然涵盖古今中外的人,任何种族、民族、阶级、时代、个体的人都是作为人类的一部分、一分子,或一方面而存在着。所谓"园林的人类同一性",从文化人类学的观点看,就是人类园林文化中所体现的人类一致具有的、彼此相通的、内在同一的人性。这种本质的同一性,可以流动于不同时空的园林艺术差异性之中,可以跨越民族的、阶级的、地域的、历史的鸿沟,而成为人类文化心理结构中最基本的架构模式。造园的目的是一致的:补偿现实生活境域的某些不足,满足人类自身心理和生理需要。在这一点上中西园林艺术是具

有同一性的。

3.3.2.2 中西园林艺术的社会同一性

园林艺术作为一种社会意识形态,受制于社会的经济基础。在封建时代,社会财富集中于少数人手中,只有皇家或富豪才有可能建造园林。即使是"半亩园"、"空中花园"都要占用土地,家徒四壁、无立锥之地的穷人(包括洋穷人),生存尚难,甚至那些所谓"小康"之家,都决无受用园林的非分之想。因此,表现在社会特性上,园林艺术在中西方历史上服务对象是同一的。

3.3.2.3 中西园林艺术的物质同一性

中西园林造园材料均不外乎建筑、山水和花草树木等物质要素。只是在具体建筑式样、叠山理水方法及花木选择配置等,虽有差别,但却异曲同工。比如花木的配置,各园均有差异,但游人享受到的繁花似锦、万紫千红、香气袭人、四季常青……之美,各国各民族皆无一例外。所以,作为造园艺术的物质载体,造园材料具有同一性。

3.3.2.4 中西方园林艺术相互交流的同一性

尽管受时空限制,不论中国还是西方,起初都只在自己的地域内创造了自己的园林艺术风格。但中西交流的丝绸之路,早在汉唐时期就已打通。在漫长的物质文化交流历史上,园林艺术的交流也同时展开了。此后,马可·波罗的宣传,使很多欧洲人更是仰慕中国宫廷园林之美。自17世纪末到19世纪初,在欧洲掀起了中国园林热,中国园林被法国画家描述成"再没有比这些山野之中、山岩之上,只有蛇行斗折的荒芜小径可通的亭阁更像神仙宫阙的了。"西方人认为,中国园林艺术的基本原则是"人们要表现的是天然朴野的农村,而不是一所按照对称和比例规则严谨地安排过的宫殿。"园林是"由自然天成";无论是蜿蜒曲折的道路,还是变化无穷的池岸,都不同于欧洲的那种"处处喜欢统一和对称"的造园风格。进而,认为这种"由自然天成"的风格与法国启蒙主义思想家提倡的"反朴归真"相吻合。就是在这种多方宣传、介绍中国园林艺术之风的影响下,1670年,法国国王路易十四为取悦蒙台斯班侯爵夫人,在凡尔赛宫主楼1.5公里处,建造了仿中国式的"蓝白瓷宫"。宫外仿南京琉璃塔风格,内部陈设中式家具,取名"中国茶厅"。此后,各地相继出现中国式花园。乃至路易十五下令,将凡尔赛宫花园里经过修剪的树木统统砍光,因为中国式园林对自然情趣的追求,影响了法国人对园林植树原则的认识。英国那时也受中国园林艺术风格的影响,一时间,仿效中国园林池、泉、桥、洞、假山、幽林等自然式布局风格,形成高潮。在西方,中国园林赢得了"世界园林之母"的美誉。

交流自然是双向的,只是中国长期处于封闭的闭关锁国的状态,对西方文化羞于接受。西方园林艺术是伴随传教士进入国门的,基督教会兴建了不少西式建筑庭园。西方思潮和物质文明的入侵,尤其是表现在建筑艺术的西化,在绿化环境上也不可避免地出现了西式园林。澳门、广州、扬州、安庆等地,不仅有许多西式建筑,还出现了一些仿西式园林。如扬州何园的西泽楼,水竹居的西式喷泉水池;安庆王氏花园的重台叠馆(屋顶花园)。最典型的当属北京圆明园中的长春园,园中欧式建筑和西洋水法,集中西式园林建筑之大成,园中还可以见到凡尔赛与德·圣克劳式的大喷水池和巴洛克式宫苑等,成为融中西艺术风格为一体的代表名园。

中西园林艺术风格各异,虽然分为两大系统,各有千秋、竞放异彩,但同属世界园林的组成部分,同为人类的共同财富,其园林美学思想相互交流、相互借鉴、相互包容。在相互融合的同一性基础上,共同构建、创造更完美的新型园林,以便更好地以不尽的园林美造福人类。

思考题：

1．中西园林艺术风格的区别是什么？

2．形成中西园林艺术风格的原因有哪些？

3．中西园林同一性有哪些？

第4章　园林美的创造

用符合美学规律的创造美的思维形式和手段,通过造园实践,以优美的园林景观来创造园林意境,完成园林美的创造,是园林美学的目的之一。

4.1　形式美的设计

形式美指生活、自然中各种形式因素(声、形、色)有规律的组合的一种美的形态。形式美和事物美的形式既有联系又有区别。事物美的形式和内容有直接的密切联系,是其外在的表现;而形式美是指美的形式的某些共同特征,形式美所体现的内容是间接的、朦胧的。

园林美作为美的一种形式,更多地符合形式美的特征。利用形式美的要素,表现园林美,是园林美创造过程中的主要造园元素。

4.1.1　形式美的要素
4.1.1.1　色彩

形式美的第一要素是色彩,在造型要素中,没有像色彩这样强烈而迅速地诉诸感觉的要素了。有关色彩的概念和基本知识,属美术课程,不再赘述。但是关于色彩的感觉和园林色彩构图的关系必须首先了解。

1. 色彩的感觉

(1)温度感:或称冷暖感,通常称之为色性。这是一种最重要的色彩感觉。从科学上讲,色彩的温度感也有一定的物理依据,并非纯属人的主观感觉。不过,色性的产生主要依赖于人的心理因素,人通过对自然界客观事物的长期接触和认识,积累了生活的经验,由色彩产生了一定的联想,由联想到的有关事物产生了温度感。如由红色联想到火与严冬的太阳,感到温暖;由蓝色联想到水与炎夏的树荫、寂静的夜空与冰雪的阴影,产生了寒冷感等。

依据不同的温度感觉,可以对色彩加以分类,色彩的调子,主要就是按冷暖区分为两大类。一般的说,在光谱中近于红端区的颜色为暖色,如红、橙等。而光度指的是色彩的明暗程度,光度高的为暖色,光度低的为冷色,色彩的温度感与光度之间存在密切联系。绿是冷暖的中性色,在温度感觉居于暖色与冷色之间,温度感适中,故有"绿杨烟外晓寒轻"的诗句,对其温度感把握得很贴切。

温度感在园林中运用时,要满足人体舒适度的需求,春秋宜多用暖色花卉,尤其在寒冷地带,用以烘托春暖与秋阳的氛围;而夏季宜多用冷色花卉,特别是在炎热地区,能以清爽的联想为人消夏退暑。而夜间开放的景区,在运用泛光照明和灯光喷泉时,春秋可多用暖色光照明,而夏季照明宜多用冷色光。

(2)胀缩感:节日夜空的焰火,绚烂多彩。其中红、橙、黄色的,不仅显得明亮而清晰,体积似乎有膨胀感,靠我们很近;而绿、紫、蓝色的焰火,则显得幽暗、模糊,体积收缩,离人较远。它们之间的反差形成了巨大的色彩空间,增加了生动的情趣和深远的意境。究其原因,由于各种色彩的光波及折射率不同,因而在人的视网膜上形成的映像也不同。一般说来,暖色给人膨胀感,冷色给人收缩感。另外,光度的不同是形成色彩胀缩感的重要原因,比如,被薄雾或云层遮掩着的太阳,看起来,比平时似乎要小些;躲在云雾中的月亮,也不及平时那么大。可是,当它们穿云破雾,一跃而出的时候,忽然光辉大增,形体也似乎特别大了。可见,同一色相在光度增强时显得膨胀,而不同色相的光度本来就不一样,因而便具备不同的胀缩感。

色彩的冷暖与胀缩感的关系还表现在,冷色背景前的物体显得较大,暖色背景前的物体则显得较小。园林中的一些纪念性构筑、雕塑等则常以青绿、蓝绿色的树群为背景,以突出其形象;而一些须掩饰的附属设施,则以冷色、暗色处理。

(3)距离感:由于空气透视的关系,暖色系的色相在色彩距离上,有向前及接近的感觉;冷色系的色相,有后退及远离的感觉;大体上光度较高、纯度较高、色性较暖的色,具有近距离感;反之,则具有远距离感。在互补的两色中,面积较小的为近色,面积较大的为远色,六种标准色的距离感由近及远的顺序排列是:黄、橙、红、绿、青、紫。

在园林中,如实际的园林空间深度感染力不足,为了加强深远的效果,作背景的树木宜选用灰绿色或灰蓝色树种,如毛白杨、银白杨、桂香柳、雪松等。

(4)重量感:不同色相的重量感与色相间亮度的差异有关,亮度强的色相重量感小,亮度弱的色相重量感大。例如,红色、青色较黄色、橙色为厚重;白色的重量感较灰色轻,灰色又较黑色轻。

同一色相中,明色调重量感轻,暗色调重量感最重;饱和色相比明色调重,比暗色调轻。

色彩的重量感对园林建筑的设色关系很大,一般来说,建筑的基础部分宜用暗色调,显得稳重,建筑的基础栽植也宜多选用色彩浓重的种类。

(5)面积感:运动感强烈、亮度高,呈散射运动方向的色彩,在我们主观感觉上有扩大面积的错觉;运动感弱、亮度低,呈收缩运动方向的色彩,相对的有缩小面积的错觉。橙色系的色相主观感觉上面积较大,青色系的色相主观感觉上面积较小;白色及色相的明色调主观感觉面积较大,黑色及色相的暗色调感觉上面积较小;亮度强的色相面积感觉较大,亮度弱的色相面积感觉较小;色相饱和度大的面积感觉大,色相饱和度小的面积感觉小;互为补色的两个饱和色相配在一起,双方的面积感更扩大;物体受光面积感觉较大,背光则较小。

园林中水面的面积感觉比草地大,草地又比裸露的地面大,受光的水面和草地比不受光的面积感觉大,在面积较小的园林中水面多,园林的色彩构图,白色和色相的明色调成分多,也较容易产生扩大面积的错觉。

(6)兴奋感:如果我们将红色与青色的两朵花一起观察,势必感到红花有兴奋和活跃的意味,青色的花则有沉静和严肃的意味,这便是色彩的兴奋感所致。

色彩的兴奋程度也与光度强弱有关,光度最高的白色兴奋感最强,光度较高的黄、橙、红各色,均为兴奋色;光度最低的黑色感觉最沉静,光度较低的青、紫各色,都是沉静色。黑色当量的灰以及绿、紫色,光度适中,兴奋与沉静的感觉宜适中,在这个意义上,灰色与绿紫色是中性色。

色彩的兴奋感,与其色彩的冷暖基本吻合;暖色为兴奋色,以红橙(绯色)为最;冷色为沉静色,以青色为最。

在游园中的关键之处,适当点缀以纯度高、亮度高的暖色景观,可以调节游人的审美疲劳,增加游兴,但要注意闹与静的结合,追求节奏感与韵律美。

2. 色彩的感情

色彩的美主要是情感的表现,就是色彩的感情问题。要领会色彩的美,主要要领会一种色彩所表现的感情。不过,色彩的感情是一个复杂而又微妙的问题,它不具有绝对的固定不易的因素,因人、因时、因地及情绪条件等等的不同而有差异,同一色彩可以引起这样或那样的感情,涉及不同地域、民族、国家时,还要考虑文化、历史背景的影响。因此,这里只就通常的、一般的、传统习俗的情况,作一大概的列述。对于园林的色彩艺术布局提供一定的参考与帮助。

红色:给人以兴奋、欢乐、热情、活力及危险、恐怖之感;

橙色:给人以明亮、华丽、高贵、庄严及焦躁、卑俗之感;

黄色:给人以温和、光明、快活、华贵、纯静及颓废、病态之感;

青色:给人以希望、坚强、庄重及低贱之感;

蓝色:给人以秀丽、清新、宁静、深远及悲伤、压抑之感;

绿色:给人以青春、和平、朝气、幼稚、兴旺及衰老之感;

紫色:给人以华贵、典雅、娇艳、幽艳及忧郁、恐惑之感;

褐色:给人以严肃、浑厚、温暖及消沉之感;

白色:给人以纯洁、神圣、清爽、寒凉、轻盈及哀伤、不祥之感;

灰色:给人以平静、稳重、朴素及消极、憔悴之感;

黑色:给人以肃穆、安静、坚实、神秘及恐怖、忧伤之感。

3. 园林的色彩组成

色彩是事物的属性之一,因此,组成园林构图的各种要素的色彩表现,就是园林的色彩构图。园林的色彩设计不像画家选择色块那样自由,也不像室内设计师那样随意决定装饰材料的颜色,而是围绕园林的环境随季节和时间变化,园林素材本身具有物理化学的性质和植物生理生态学的特性,将这些要素通过所谓造型加以过滤,以美的秩序编排起来,即为园林色彩构图。当然,这种工作并不容易,但从另一方面考虑,正因为如此不容易,才有必要研究园林色彩的设计。

园林的色彩归纳起来大概有三大类,即:①天然山水和天空的色彩;②园林建筑和道路、广场、假山石等的色彩;③园林植物和动物的色彩。对于第一类色彩,在园林色彩设计中,常用作背景处理;天空的色彩大家十分熟悉,以早晨和傍晚的色彩最为丰富,故朝霞、晚霞往往成为园林中借景的对象之一。水面除本身的色彩外,往往要反映天空和周围景物的色彩,一正一倒,往往产生出特殊的艺术效果,因此,水面周围的色彩布置很重要,常配置些鲜艳的植物,如金黄色的棣棠、金钟花丛,成片的秋色叶树种等。园林建筑物的色彩,尽管在总体色彩中所占比重不是很大,但往往在重要的景点位置上,需要精心设计,既要与周围景物相协调,又要适当对比,重点突出。路径、广场的色彩,一般较温和、暗淡。假山石的色彩宜选灰、灰白、黄褐为主,能给人以沉静、古朴稳重的感觉。园林植物的色彩最为丰富多彩,它不仅是园林色彩美的主要来源,还能对其他景观加以映衬、调节和组织,并体现出生命的活力。

就园林总体来说,要力求色彩的和谐,这一点实际上牵扯到个人的审美观问题。一些色彩的集合只有在它能给人以舒适的感觉时才是和谐的,因为我们已经习惯于认为自然中的色彩是令人舒适的,所以在我们的头脑中,已经形成一种不成文的规范,就是多种色彩相互搭配时不应有明显的冲突。而对比色调的配色,由于互相排斥或相互吸引,都产生强烈的紧张感,很引人注目,所以多用则陷于混乱。因此,对比色调在园林设计中应谨慎使用。此外,色彩的运用还要与设计理念中的文化内涵相结合,以突出主题意境。

4.1.1.2 点

"点"在这里不是几何学中的概念,而是一种最简洁的形态,在雕刻与建筑中,点是各种面相交而产生的顶端,而在园林艺术中,点的因素通常是以"景点"的形式存在,景点是一个具有独立审美价值的物质形象单元。

点是有大小的。究竟多大的图形能够看作点?通常要看它和整体的关系来决定。景点,相对于整个园林的大范围来说,就是点的概念。

"点"不仅有大小、形状、方向和位置,而且由于各种点的变化、点的扩大与收缩、点的排列、点的聚散,以及线形点的不同运动方向的组合,在构图中造成了极为丰富多彩的效果。

在园林构图时,是以景点的分布来控制全园的。在功能分区和游览内容的组织上,景点起着核心作用。点在平面上的分布是否均衡,直接关系到布局的合理性。但均衡不等于均匀,中国画构图上有句行话叫做"疏可走马,密不透风",运用在园林布局上,即要正确处理好景点聚散的辨证关系。中心区域景点应适当集中,重点突出;然而景点太"聚",游客过分集中,会造成功能上的不合理,因此,景点又应当"散",以疏散游客。景点聚散的合理运用,会产生类似于书画作品上"留空布白"的艺术效果。

此外,点的特殊运用,还有其独特的效果,例如,以一个核心点作为游人视线的焦点。将两个不同景点放在同一个视域或空间范围内,通过游人的视觉将其联系起来,这就是我们常常在一个景点以外的相应位置设置对景的缘起(见图 4-1)。比如扬州瘦西湖钓鱼台的两个洞门,同时可摄取到远方的白塔及五亭桥景象,即是着意设计的对景实例。景点之间互相呼应,加强了各方联系和整体感,并体现出园林艺术的总体美感和巧妙构思。园林中由点构成的汀步不但有了线的方向感,由于点的跳跃性,在水的环境中似乎产生了琴键般叮咚有声的韵味(见图4-2)。这也是中国画"点"的原理在园林布局中的具体应用。园林中群点的效果常常兼有面或线的性格,典型的林下空间,由铺装或植物配置的多点形成面,由面构成空间环境,加之树干的直线分割,使空间产生类似音乐旋律的效果。

图 4-1 对景

可见,我们在进行园林景点的设计时,既不能为标新立异而忽略整体效果,也不可因循规蹈矩而落入俗套,失去灵性。必须从它的特有性质出发,以最好地发挥其艺术功效。

图 4-2　汀步曲线布局

4.1.1.3　线条

线条是最基本的视觉要素之一,园林中以景物的轮廓和边缘形成特定形式的园林风景线,是构图中十分重要的元素。因为每一种线的变化都具有特殊的视觉效果和审美价值,所以,在景观构图的设计与欣赏过程中,必须得到应有的重视。

线条有粗细、曲直、浓淡、虚实之分,不同的线条,给人以完全不同的视觉印象。园林中的线条,可分为直线、曲线和斜线。直线是线的基本形式,但自然中可以说是没有纯粹直线的,直线是人们设想出的抽象的线,因而它具有纯粹性。在关键的设计中,直线虽然能发挥巨大作用,但在任何时候它也不是最高级、最本质的需求。到过西方国家,看过几何式花园的人,便会感到那里的园林中直线运用显然比我国自然式园林中要多,如法国凡尔赛宫的庭园,直线相当突出,从而产生了一种不亲切感和强加于人的不自然感。当然,也正是因为这诸多直线的运用,才显露了一种浓重的人工意味,体现出人类征服自然的哲理。

曲线则要比直线灵活舒展得多,可用以表现悠扬、柔美、轻快的风貌。人们的本能是总想从紧张中解脱出来,并愿获得安适,这就是向往曲线的原因。直线充满力度,曲线表现自然。曲线在中国的自然式花园中运用相当普遍,飞檐翘角、曲径通幽、小蹊蜿蜒……

斜线具有特定的方向性和动向,园林中山石的起伏雄伟就表现于斜线的动势之中。但在造型设计中要在平衡的前提下才能灵活地运用斜线的运动或流动。此外,线条还具有象征意义,能使人产生一定的联想。

垂直线代表尊严、永恒、权力,给人以岿然不动、严肃、端庄的感觉。

水平线表示大海的平静、无垠的大地和天空的寂静与安定,常常给人以平衡的感觉。斜线意味着危险、运动、崩溃、无法控制的感情和运动,给人以活跃和运动的感觉。

放射线使人联想到光芒,给人以扩张、舒展的感觉。

参差不齐的斜线使人联想起闪电、意外变故,给人以危险和毁灭的感觉。

圆形的和隆起的曲线象征着大海的波涛,象征着优雅、成长和丰产。

这种象征和视觉的感受是从生活经验中引起的,因此,我们可以利用这种形式感来加强事物基本特征的表达,也可利用这些线的纵横穿插形成画面的多样统一。

在园林构图中,从平面上看,有园路构成的游览线和树木的林缘线;从立面上看,有建筑的轮廓线和林冠的天际线,还有花卉装饰的图案线等。其中园路是最重要的景线,它除了交通的功能外还有组景的作用,达到园景导引的效果。所以,一条成功的园路应该是个艺术品,是路亦是景。

4.1.1.4 形状

自然界各种物体的具体形状尽管是千姿百态的,如人、物、山、水、树、草等,然而,我们仍然可以用各种基本的几何形来进行概括,园林构图中的形多以具体景象的抽象形态存在,人的视觉经验倾向于识别构造简单和熟悉的形。因此,构图中的形能使形象更加集中、完整,有助于揭示并突出主题。

"形"被广泛地运用在各种类型的园林中,诸如园林的分区布局、花坛、水池、广场、建筑等无不是由各种各样的形状构成的。当然,在园林的所有形体中,最基本的仍旧是圆形、方形、三角形、多边形等。各种形状在客观上都给人以一定的感觉(形式感),如圆形在一般的感觉上是流动的,正方形给人的感觉是安定的,三角形则给人以稳定的感觉。因此,了解几何学的法则以及几何形体的意义,把它们作为一种手法运用于构图的确定及完成的过程中,能使整个视觉中的自然世界的形象典型化、综合化。这种手法在古典艺术,尤其是西方古典的几何式园林中是不乏其例的。在我国的自然园林中,同样有这种几何关系和形状的形式美感,只是由于长期以来被"自然为主"的思想所主导,而缺少整理、归纳和研究(见图4-3)。

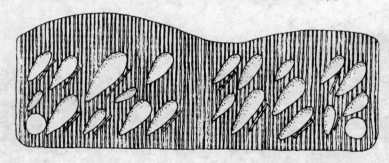

图 4-3　铺装造型

4.1.1.5 空间

园林艺术是一种视觉艺术、空间艺术。园林设计首先必须有空间,作为释放想像和灵感的舞台。在自然界,空间是无限的,而园林的空间是有限的。造园主要是在既定的空间上进行空间经营,分割空间、深化空间、拓展空间,从而在有限的园林空间中,创造出无限的精神空间。中国园林艺术这种对空间的经营方式,是由我国人民独特的空间意识、独特的宇宙观所决定的,简言之,就是要以有限的园林空间表现心目中无限的天地。所谓园林空间,实则就是一个小小的"天地",是"天地"的缩微。所谓"移天缩地"、"小中见大"、"咫尺山林,多方胜景"、"纳千顷之汪洋,收四时之烂漫"、"一峰则太华千寻,一勺则江河万里"等等造园艺术理论的论述,就是对我国古典园林超时空概念最形象的概括(见图4-4、图4-5)。园林的这种超时空观是一切艺术命题的基础,我国园林艺术诸如障景、隔景、借景等优秀的空间经营手法都是由此生发的。

图4-4　拓展空间

图4-5　有限表现无限

4.1.1.6 质感

质感,是由于感触到素材的肌理和结构而产生的。例如,我们从粗糙不光滑的素材上感受到的是野蛮的、男性的、缺乏雅致的情调。从细致光滑的素材上则感受到女性的、优雅的情调,但同时亦常有冷淡和卑贱的感觉。还有从金属感受到的是坚硬、寒冷、光滑的感觉;从布帛上感受到的是柔软、轻盈、温和的感觉;从石头上感受到的是沉重、坚硬、强壮、清洁等感觉。此外,作为园林艺术组成部分的我国古代赏石艺术,将质感作为雅石的重要条件,引申孔子的"文质彬彬"来当作基本评价标准,要求石质坚实细腻,说明质感早已成了人们的审美标准之一。

质感有自然和人工之分。原野中散置的石头、树木的表面等,所具有的质感就是自然的。而混凝土或砖瓦则产生人工的质感。明确这一点,对于根据总体布局的意匠而选用不同质感的素材很有帮助。

在我国自然山水园中,应尽量避免出现人工的质感。即使由于费用、耐久性等问题不用竹木材料,而采用混凝土制品时,也要尽可能使其"自然化",把它加工、修饰成木头状或竹竿状,这在我国园林中的应用日趋普遍。掇山叠石时水泥的粘接处要尽可能地使其与假山石的质地相调和,用混凝土补贴古树名木的树洞,则更要贴上树皮,使质地一致,做到天衣无缝。地面上用地被植物、石子、砂子、混凝土等铺装的时候,使用同一材料时比使用多种材料容易达到整洁和统一,质感上也容易达到同一调和。分隔空间的石墙、篱笆或是假山、叠石等(见图 4-6),都以尽量使用同一质感的材料为佳。

图 4-6　质与形

为了强化质感的效果,运用对比的方法来布置不同质感的素材,可以相得益彰。比如常绿树丛前的大理石雕像,布置在草坪或苔藓中的步石,质感的刚柔对比产生了美感。

4.1.2 形式美的基本规律

与其他艺术门类一样,园林艺术作品的形式(园林景象)总是按照美的规律创造出来的。形式美的规律有哪些呢?论述这个问题的美学家不少,这里将其概括为:多样统一规律,对称与均衡,对比照应规律,比例和尺度,节奏与韵律等五个方面。

4.1.2.1 多样统一规律

一幅画的画面总是有限的,在一幅不大的画面中要描绘出多样的图景来,靠什么呢? 靠变化。古时有人考一位画师,要他在五尺画幅上画八尺高的观音像,聪明的画师描绘了一幅观音弯腰拣拾柳枝的图景,巧妙过关。园林设计者有时也会遇到同样的问题,一座园林,私家园林的庭园的范围有限自不必说,就是一座大型现代公园,其面积也是有限的。因此,想在一个有限的园林境域内要塑造出多样的风景及创造出无限的意境,靠什么? 也靠变化。所以,画面有限,园林境域有限,而变化则是无限的。

没有变化就不称其为艺术,艺术的奥妙就在于变化。各种艺术无不这样,艺术不但要求多样性的变化,而且要求人们不断地创新变化形式,以便使其不断地丰富和发展。

艺术实践证明,变化是必须的,但变化要求在统一中去寻求。任何艺术上的感受都必须具有统一性,这早已成为一个公认的艺术评价原则,亚里士多德曾把他那部《诗学》的较大部分立足于此。不光任何文学作品非常迫切地要求统一,所有的艺术作品也概无例外。假若一件艺术作品,整体上杂乱无章,局部支离破碎、互相冲突,即使个别闪光点再突出,也根本算不上优秀艺术作品。雕塑家罗丹完成巴尔扎克像后,众人纷纷赞誉那双手塑得完美与传神,而罗丹却愤而砍掉了那双手,因为他不允许局部的突出来破坏整体统一的美感。一件艺术作品的重大价值,不仅在很大程度上依靠不同要素的数量和质量,而且还有赖于艺术家把它们安排得统一,或者换句话说,最伟大的艺术,是把最繁杂的多样变成最高度的统一和谐,这已是人们普遍承认的事实。

只有变化而无统一,变化就会杂乱;只有统一而无变化,又会单调、乏味使人感到呆板,而得不到艺术享受。所以既多样又统一才会使人感到优美而自然,而"自然"则是构图的最终要求。

在美的形式原理上,作为"统一"的类似概念使用的还有调和(Harmony)一词。调和一词是从希腊语(Harmonis)而来,在古希腊似乎被认为是美的形式原理的核心。由于调和是对称、平衡、比例、韵律、动势等的基础,所以所谓调和的秩序是指多样的统一,是统一的秩序。

对调和研究最多的是音乐。研究在音乐中同时发出的两个以上声音的关系时,就能很清楚地感到调和与不调和。对于声音组成的性质或使用方法进行系统的研究,使"和声学"很早就发展了。在造形世界中对调和的研究虽然已进展到某种程度,却不如和声学。不过组成园林艺术的造园要素是如此繁杂,因此,园林创作时对调和的研究,对统一的考虑就更加重要。单独的一棵树、一块石头,虽然没有统一的问题,可是若把这些材料综合起来,在复杂的环境中建造一座园林时,立刻就显出了统一的重要性。

那么,怎样才能在园林中求得协调与统一呢?

首先,应当明确园林的主题和格调,然后决定切合主题的局部形式,选择那种对表现主题最直接、最有效的素材。比如,在西方规则式园林中,常运用几何式花坛,修剪成整齐的树木来创造园林,元素与园林、局部与总体之间便表现出形状上的统一性。而在自然式园林中,园林建设必须围绕"自然"的性质,作自然式布局,自然的池岸、曲折的小径、树木的自然式栽植和自然式整形,即便是在旧有自然式花园中,出于某种经济需要而建造的大楼,也要在其墙基采取"自然化"的补救措施,一环绿水、数块碎石,以求得风格的协调统一,如果不懂得这一点,或是在西洋园林中建座中国塔,或是在中国古典园林中搞个喷泉、立座雕塑,或是栽株雪松,那就显得不伦不类了。

从调和、统一的观点来看,园林,尤其是小巧的庭园,配置的花木种类无需像植物园那样多多益善、包罗万象,而是以观赏为主,绝非以种多斗奇。园林设计和绘画不同,处理要素的数量本身就多,加上植物材料又随年月、季节变化,园林设计师比之画家就不得不以更大的用心来求得和谐、统一了。例如杭州花港观鱼公园,全园应用了200多个树种,因此,其多样性不必多言。但是花木一多,就容易杂乱无章,不容易取得调和。但该园在全园性树种上,选用了常绿大乔木广玉兰作为基调,并且全园分布数量最多,从而使园林的树种布局形成了多样统一的构图。

除花木外,园林中的其他造园材料如园林建筑、假山叠石等均需要多样化统一。如颐和园中谐趣园的建筑布局,其中许多亭台楼阁、曲廊水榭,在色彩上、法式上、材料上都是相同的,十分调和,但其中每一单独的建筑,其体形和体量又各不相同,调和之中有明显的差异,建筑布局多样统一。

4.1.2.2 对称与均衡

对称一词来源于希腊语(Symmetros),具有计量的意思,即可用一个单位量除尽。从集合的某部分能够认识全体。

在对称中,对称轴两侧的形或点,都是等距离的称为左右对称(Bilateral Symmetry);而以一点作为对称的中心,用一定角度回转排列的称为放射对称(Radical Symmetry)。前者具有方向性,有向一个方向流动的性质,后者具有向中心点集中的性质。

对称从古希腊时代以来就作为美的原则,应用于建筑、造园、工艺品等许多方面。对称本来是规则性很强而易于得到平衡,因此容易获得安定的统一,具有整齐、单纯、寂静、庄严等优点。可是另一方面也兼备了寒冷的、坚固的、呆板的、消极的、古典的、令人生畏等缺点。对称之所以有寂静、消极的感觉,是由于其图形容易用视觉判断。见到一部分就可以类推其他部分,对于知觉就产生不了抵抗。对称之所以是美的,是由于部分的图样经过重复就组成了整体,因而产生一种韵律(见图4-7)。对称根据所要表现东西的性质,就可以理解到它的美与丑了。

图4-7 中轴对称 中山陵

在生物界，生物体自然存在着两种对称，一是两侧对称，如人体的双手、眼、耳等，植物的对生叶、羽状复叶等；一是辐射对称，如菊花头状花序上的轮生舌状花、轮生叶等。

在西方造园，尤其是古典造园中，园林艺术与其他各类建筑所遵循的都是同一个原则。因而，西方古典园林讲究明确的中轴、对称的构图，形成了图案式的园林格局。

中国传统的审美趣味虽然不像西方那样一味地追求几何美，但在对待城市和处理宫殿、寺院等建筑的布局方面，却也十分喜爱用轴线引导和左右对称的方法而求得整体的统一性。例如明清北京故宫，它的主体部分不仅采取严格对称的方法来排列建筑，而且中轴线异常强烈。这种轴线除贯穿于紫禁城内，还一直延伸到城市的南北两端，总长约为7.8公里，气势之宏伟实为古今所罕见。此外，再就城市而言，不论是唐代的长安或是明清的北京，均按棋盘的形式划分坊里，横平竖直、秩序井然。除城市、宫殿外，一般的寺院建筑、陵墓建筑出于功能特点，力求庄严、肃穆，也多以轴线对称的形式来组织建筑群。即使是住宅建筑，虽然和人的生活最为接近，但出于封建宗法观念的考虑，也组成严谨方整的格局，围绕横轴线形成前后左右对称的布局，构成三合院、四合院形式的中国传统民居格局。

中国园林的情趣与构图和建筑对称规整的格局却是大相径庭的。园林师法自然、宛自天开，对称的手法所占比例很少。

有对称，就有不对称。不对称的构图可以使园林显得多样化和无限生动，使单纯变得复杂，或是产生空白的构图而令人寻味等。

在自然景观中，山峦的起伏、河流的曲折、植物的群落、云霞的飘移，乃至村庄的坐落和畜禽的栖止，都绝少构成天然对称和几何规整的形式，但他们都统一在大自然美妙的韵律当中，具有内在的和谐。因此，自然景观的非对称画面，能够深深地拨动人们的心弦。位于大自然中的风景建筑，采用具有内在规律（保持适度的比例和稳定的均衡）的不对称构图，更容易与周围的环境取得和谐、统一。例如，桂林地区的许多风景建筑用不对称的构图，并非出于设计者的偏爱，或为了顺应一时的风尚，实是由功能、基址和自然景观所决定的。

从心理学的角度看，对称可以产生一种极为轻松的心理反应。它给一个形体注入平衡、匀称的特征，即一个好的图形之最主要的特征，从而使观看者身体两半的神经作用处于平衡状态，满足人的眼动和注意力对平衡的需要。从信息论的角度看，它为形灌入了冗余码（Redundancy），使之更加简化有序，从而大大有利于对它的知觉和理解。既然对称是简约的图形或好的形的一个主要性质，它就毫无疑问地主导着一切原始艺术和一切装饰艺术。例如，从世界各地出土的古老艺术品，尤其是古代波斯艺术，以及从古希腊到中世纪西方艺术等，都具有对称的特征。但是，随着艺术的发展，对称性在艺术中越来越少见。因为艺术之所以是艺术，主要在于它表达了人对世界的解释和看法，而对自然和世界的较正确的解释，不是用具有严格对称和秩序的图式去统一它，正如阿恩海姆所说："如果艺术过分强调秩序，同时又缺乏具有足够活力的物质去排列，就必然导致一种僵死的结果。而在装饰艺术中，这种单调性不仅是允许的，而且也是不可缺少的……严格的对称在艺术品中是少见的，而在装饰艺术中却是频繁出现的。"绘画构图的一个永恒的原则，就是避免使用规则性很强的式样。只有在特殊情况下，如那种意在揭示生活中某种呆板秩序的喜剧中，才允许严格对称出现。在园林艺术上，如今人们喜爱的正是视觉中十分习惯的自然形体、自由的线条，对称的手法早已在世界园林界走下坡路，正在世界范围内复兴的"中国园林热"便是很好的例证。

总之，艺术一旦脱离原始期，严格的对称便逐渐消失，这一消除是在对严格对称的形的变态中实现的。开始时，从严格对称的脱离比较轻微，甚至是隐讳的，演变到后来，这种严格对称，便逐渐被另一种现象——均衡所替代。

所谓均衡，在物理学上是两种力量处于相互平均的状态。均衡的概念根据"天平"的构造原理很容易理解。但是，在艺术的均衡现象中，均衡应当是一种心理的体验，而不是物理上的原则。这一点为格式塔心理学的许多实验所证实，也被生活中的许多日常观察所证实。举例说，在一个平面的或二度的构图中，处在中心的人物或建筑，一定要比两侧的大一些，假如它们一样大，处于中心的就显得比两侧的小得多。在一幅画中，较大的和看上去较重的形应放在它的下半部，假如放到上半部，就会看上去轻重倒置，十分不稳定；同样大的形或物，左右的轻重也不同，试验证明，同样大的形，右边的要比左边的重一些，如想使左右看上去平衡（看上去一样大），左边的通常要画"大"一些；在纵深度上，也有轻重之分，假如把远处的物体与近处的物体画得同样大，那么远处的物体"看"上去就显得大得多，因此，要想使他们看上去差不多大（例如同样大小），越远的就要画得愈小。在色彩方面，红色的看上去要比蓝色"重"得多，白色要比黑色"重"得多，因此，在绘画中，为了使红色（或黑色）与蓝色（或白色）平衡，红色（或黑色）面积应该小一些，蓝色（或白色）面积应相应大一些。在形状方面，越是规则、简单的形看上去就越重，例如圆形就比长方形和三角形显得"重"，垂直线比倾斜线"重"。因此，为了使它们达到平衡，圆形要比其他形画得相应少一些，垂直线要比其他线短一些。有时候，平衡还受到观看者的兴趣、爱好、欲望等心理作用的影响，对于那些观看者十分感兴趣的或使他十分吃惊的形或物，即使画得很小，也显得很"重"。另外一种特殊情况，是孤立物体（独立性）的超重性。例如，如果太阳和月亮处在万里无云的天空中，就显得比在有云朵和其他空中飘浮物时看上去"重"一些；在戏剧演出中，为了使主角"重"一些，常常把他（她）与其他人物分离开，独自占一个位置。

最简单的一类均衡，就是前面所说的对称。对称的事物总是均衡的，对称的均衡又叫均匀整齐的均衡，或规整式均衡。但众所周知，均衡不一定是对称的，还有另一种非对称均衡，或叫不规整式均衡。

对称均衡是在对称轴线的两旁布置完全相同的景物，只要把平衡中心以某种微妙的手法来加以强调，立刻就会给人一种安定的均衡感。对称均衡在西方古典主义造型艺术风格中，是创造艺术形式的最重要的规则和条件之一。在我国古典园林中，对称均衡也是有运用的，比如门前一对石狮子、一对龙爪槐，或是对称排开的行道树，它们在质地、色彩、体量等多方面都是均衡的。

然而，对称均衡在艺术界的地位似乎已成为历史，如今，艺术家们在构图时均倾向于不对称的均衡。不对称均衡是因注意焦点不放置在中央，所以形状上是不对称的，具有动中有静的感觉和静中有活跃的感觉。视觉上的不对称均衡，是各组要素的比重的感觉问题。在这种艺术的均衡现象中，所谓"轻"、"重"之说完全是指心理上的而不是物理上的，对某种形式的兴趣愈浓厚或对它的意义发掘愈深，其"重量"就显得愈大，这在前面已略有所述。

不对称均衡可以借助"杠杆原理"来说明。意思是指一个远离均衡中心、意义上较为次要的小物体，可以用靠近均衡中心、意义上较为重要的大物体来加以平衡，而距均衡中心的距离就相当于"力臂"。这种不对称的均衡，尽管其均衡中心两边在形式上不等同，但在美学意义方面却是存在着某种共同之处。如山水盆景中，主山之外，水中立一块点石，以四两拨千斤之势，使画面达到了平衡，二者体积悬殊，但却像是具有同等的分量，给人均衡的感觉。进一步说，树、石是造园时常用的两种材料。在人们的经验中,石头的质感自然要比树的质感重得多,根据这一点,造园设计时就必须考虑到因两者质地不同而产生的意义上的轻重感,这就必须运用形体的大小和数量的众寡来加以平衡。权衡之后,造园时石头不多放,树木成丛栽,结果很明显,不对称均衡——感觉上的均衡便产生了。再如,树干总是少于树枝,而树枝总没有树干那么粗,也就是说,粗树干长而少,细树枝多而短,它们自然地形成了均衡。

4.1.2.3 对比照应规律

对比照应的法则是中国美学讲得最多的美的法则。什么是对比?对比是塑造性格鲜明的典型形象的一种艺术表现方法,它是对立统一的辨证规律在艺术创作实践中的具体运用。在创作中,把互相对立的事物合乎逻辑地联系在一起,突出矛盾双方最本质的特征,以构成强烈的对比,可以使艺术作品的形象更加鲜明,使主题思想更加深刻,从而增强作品的艺术感染力。

在艺术创作中,不论绘画、音乐、诗歌,还是小说、戏剧、电影等艺术式样,对比的表现手法都被广泛地运用着。绘画中的明和暗、浓和淡、藏和露;音乐旋律中的强和弱、高和低、缓和急;诗歌中的刚和柔、朴和丽、曲和直;小说中的情和景、言和行、理和情;戏剧中的动和静、虚和实、悲和喜,这些矛盾着的对立因素常常同时呈现在一个整体中。它们相互依赖、衬托、对照,产生强烈的艺术效果。

园林艺术是一个综合艺术,因此,园林中可以从许多方面形成对比,如布局、体量、开合、明暗、色彩、质感、疏密等,都能在园林设计者的笔下形成园景的对比,引起强烈、激动、突然、崇高、浓重等感受,现举例说明如下:

1. 布局对比

建筑形象是人为的几何形象,山水风景是天然的自然形象,两者构成了明显的对立。如果我们恰当处理好两者的关系,在对立中求统一,便会产生特殊的艺术效果。例如,承德避暑山庄,是位于自然山水中的大型园林,在山庄南部的正宫部分,建筑采用了严格的对称布局。它是由于清朝皇帝在此处理朝政的功能要求决定的。正是这种对称的布局形式,恰当地表现出它是皇家园林的这一特性,由于这组建筑同一般宫殿相比,采用了较小的尺度与体量、简单的装饰与色彩,和自然山水的面貌比较和谐。同时,它的规整布局同正宫后面(岫云门北面)其他的山、水、桥、堤的自然形态形成对比,所以从正宫步出岫云门时,会产生豁然开朗、步入佳境的强烈感受,这就是非常成功地利用了空间变化所产生的效果。

2. 大小的对比

中国园林要在方寸之地、咫尺山林之中,表现出多方胜景,不运用以大观小、以小观大的对比手法,是很难达到设计意图的。一株亭亭华盖的古树下散点山石数块,益显得古木参天高大;一座假山基部设置一个体量很小的亭子,亦可显现山势的雄伟;再如盆景艺术中的配件,三两件石湾瓷塑作品,树下饮者,水中渔翁,高不过寸,却立时将顽石幽草衬托出浓厚的山林气息……这些,正是高和低的、大和小的对比效果。

3. 开合的对比

在古典园林中,空间的开合对比相当普遍,如扬州何园,可以分为东、西两个部分,它的主要入口朝北,小而封闭,经由这里无论是去园的东部还是西部,都可借大与小的对比以及开敞与封闭的对比而使人心旷神怡。特别是走进园的西部,其对比尤为强烈。此外,瘦西湖长堤春柳的狭长空间与其尽头的宽广空间桃花坞之间也恰好构成开与合的对比,收到宛如自狭小的胡同步入宽阔的广场,心胸顿觉开朗的效果。

4. 明暗的对比

漫步园林小径,本是树丛夹道、浓荫覆地,忽而一片平远空旷的景色展现在眼前,真可谓柳暗花明。如苏州留园的入口部分,其空间组合异常曲折、狭长、幽暗、封闭,处于其内的行人,视觉被极度地压缩,沉闷而压抑。但当走到尽头而进入园内的主要空间时,便有豁然开朗之感。就其客观效果来看,确实很像陶渊明在《桃花源记》中的一段描绘:"林尽水源,便得一山,山有小口仿佛若有光,便舍船从口入,初极狭,才通人,复行数十步,豁然开朗。"这种先抑后扬的明暗对比,往往能极大地激发游兴,收到意外效果。

5. 色彩的对比

"万绿丛中一点红",正是色彩对比的最好例证。在园林设计中,色彩的对比运用良多,例如纪念性构筑物、园林雕塑的色彩宜与四周环境或背景的色彩形成对比,因为这些景物一般色块较小,对比虽强烈,但也容易调和。而过于强烈的对比色,如大红大绿,除特殊氛围的渲染外(如民族喜庆等),应慎重采用,否则会有突兀、不和谐之感,略显媚俗,使游客敬而远之。

6. 疏密的对比

在我国传统的文论、诗论、画论中就有所谓"疏如晨星,密若潭雨","疏可走马,密不透风","疏密相间,错落有致"等说法。在园林艺术中,这种疏与密的关系突出地表现在景点的聚散上,聚处则密、散处便疏。例如苏州留园,其建筑分布很不均匀,疏密对比极强烈,它的东部以石林小院为中心,建筑高度集中,屋宇鳞次栉比,内外空间交织穿插。处在这样的环境中,由于景观内容繁多,步移景异,应接不暇,节奏变化快速,因而人的心理和情绪必将随之兴奋而紧张。但有些部分的建筑则稀疏、平淡,空间也显得空旷和缺乏变化,处在这样的环境中,心情自然恬静而松弛。就整个园林来讲,这两种环境都是必不可少的,人们在游园过程中随着疏密的变化而相应地产生弛和张的节奏感。

此外,园林中的虚与实、藏与露等亦是常用的对比手法。总之,在整个园林艺术中,可运用的对比手法很多。但是,对于某一个园林来说,则不宜多用。其他艺术理论中常提醒人们"对比手法用得频繁等于不用",园林艺术理论也不例外。

对比的运用,使园林景色更为丰富多彩,但仅有对比不行,还要有照应,有了照应才有统一性。所谓"顾盼有情"、"相朝揖"讲的就是照应。如一张画,画中树和山石互相呼应,这块石头与那块石头好像两个人在那里眉目传情;在草书里,写一字要考虑上下左右的字相争相让,也就是互相照应。园林艺术中亦复如此,如园林中常用的对景手法,还有隔水的建筑、分列的假山,都十分讲究顾盼有情。可见,多样统一和对比照应是分不开的,有对比就有多样,有照应就有统一。对比照应问题是中国美学关于形式美的精髓。

4.1.2.4 比例与尺度

比例来源于拉丁语(Proportion),意为按照……份额。是指在长度、面积、位置等系统中的两个值之间的比例,以及就这个比例与另一个比例之间的共同性和协调性。换言之,比例是部分对全体在尺度间的调和。在园林的整体和局部设计中,美观是必不可少的,而许多美学特性就起因于比例。因此,处理好比例,是园林设计时必不可少的任务。

园林设计中的比例关系大凡包括两个方面,一是园林中各景物自身的长、宽、高之间的大小关系,另一方面则是景物与景物、景物与整体之间的大小关系。在园林空间中具有和谐的比例关系,是园林美必不可少的重要特性,它对于园林的形式美具有规定性的作用。

古希腊人十分爱好形式美。当时最著名的毕达哥拉斯学派,由于其中大多数是数学家,因此,他们观察艺术美来源于数的协调。他们起初研究音乐时发现,音乐艺术的美由高低长短轻重不同的发音体发出的和谐的音调构成。而和谐的音调则是数量上的比例造成的。毕达哥拉斯学派还应用这种从音乐中得出的结论去研究建筑和雕刻等艺术,想借此寻出物体最美的形式,"黄金分割"的比例就是由他们发现的。他们在遇到线长分段或长和宽的比例设计时,认为采用这种比例关系容易引起美感。其中采辛(Zeising)的黄金分割率亦称黄金律,即把长度为1的直线分成两部分,使其中一部分对于全部长度的比等于其余一部分对于这一部分的比,如式:

$$X:L=(L-X):X \qquad 当 L 取为 1 时,则有 X=\frac{\sqrt{5}-1}{2}=0.618$$

在实际运用上,最简单的方法是按照数列 2、3、5、8、13、21,得出 2:3、3:5、5:8、8:13、13:21 等比值作为近视值。

按"黄金分割"的比例分成的两线段,以这两线段为边的长方形叫做"黄金长方形"。对于古希腊人来说,黄金长方形就代表着数学规律的美。在他们最著名的古典建筑物——巴台农神庙里面,就包含着无数个黄金长方形(他们的雕塑、浮雕等艺术作品中也能见到这种比例关系)。在以后的几个世纪里,黄金长方形一直统治着欧洲的建筑美学领域。在文艺复兴时代,把它叫做"神妙的匀称",法国著名的天主教堂巴黎圣母院就是一个杰出的代表作。

黄金分割的比例关系容易引起美感,经过费希纳及其以后实验美学者的实践,都证明大致是对的。黄金律的线段为什么是美的呢? 朱光潜解释说:"因为它能表现寓变化于整齐的一个基本原则,太整齐的形体,往往流于呆板单调;变化太多的形体,又往往流于散漫杂乱,整齐所以见纪律,变化所以激起新奇的兴趣,二者须能互相调和……"。但是,许多画家以 5:8 的比例制作画框,其结果并未能保证画框就是美的。英国布洛(E.Bullough)说:"如果你、我或者街上什么人都按照黄金律来制造了诸如塑像、房屋或图案等基本形体,难道它们就都会变成美的了吗? 我表示怀疑。"这表明黄金律不是美的唯一条件,故不能机械搬用。

中国和日本的古典园林一般面积较小,要于方寸之地,显现自然山水,比例的运用十分讲究。比如,花木与山石的比例不同,可获得不同的艺术效果,树小显山高,若要表现山势高峻,花木的高度就不应超过假山顶部,假山旁的植物,若不控制其生长,若干年后就会长成参天大树,附近的山与亭便会显得相当矮小,获得相反的艺术效果,诚然,这样亦会造成幽邃、隐蔽的氛围。

园林的分区亦应讲究合适的比例。各区的大小既要符合功能的需要,又要服从整体面积的比例关系。园林设计若使各个景物体型匀称,功能分区比例和谐,将赋予园林以协调一致性和艺术完整性。

和比例密切相关的另一设计原则是尺度。在园林中,要体现园林的尺度,总要有一个借以比较的尺度单位。事实上,园林中的一切景物均是供人游赏、为人服务的,因此我们自身就变成度量园林景物的真正尺度了。园林设计时要注意到供人歇憩的坐凳、踏步的台阶、凭眺的围栏,应合乎人体本身的尺度,提供活动的方便,形成自然的尺度。

在园林尺度中,除自然尺度外,还存在着人们意识上的所谓"超人的尺度"。这种尺度的形式犹如文学中夸张的手法,往往是通过尺度对比而产生的效果。体量较大的景物与较小的景物相并列,便会使较大的景物的尺寸显得更大。设计比人的习惯稍大些的景物单元,常常会产生壮观和崇高的感觉,这种尺度形式往往被运用于一些为宗教或政治服务的建筑或园林中。比如,为了表现雄伟,在建造宫殿、寺庙、教堂、纪念堂等时,都常常采取大的尺度,有些部分超过人的生活尺度要求,借以表现建筑的崇高而令人敬仰。北京故宫的太和殿,是皇帝坐朝处理政务之处,为了显示天子至高无上的权威,采取了宏伟的建筑尺度。

研究园林建筑的尺度,除要推敲本身的尺度外,还要考虑它们彼此间的尺度关系。面对昆明湖广大的湖面,就需要有宏伟尺度的佛香阁建筑群与之配合才能构成控制全园的艺术高潮;广州白云宾馆底层庭园如果没有巨大苍劲的榕树,就很难在尺度上与高大体量的主体建筑协调。

关于园林建筑的尺度问题及与周围景物的比例关系,既要注意相邻景物之间比例关系的协调,同时要注意突出主体建筑,考虑建筑的功能尺度。例如,苏州拙政园西部——补园中的三十六鸳鸯馆和十八曼陀罗花馆之所以体量较大,正是出于当时宴饮、观剧等聚会活动的要求。没有足够的空间体量,就不能适应这一游乐方式,也就不能体现其园林艺术价值,创作中,在必须设置这样大型厅堂的前提下,设计者着意进行了景象经营。例如分割了它的体形,从而减缩了它的尺度,使它尽可能地与山水景象相协调;通过与水相联系的干阑形式以及鸳鸯、山茶(曼陀罗)等的动植物处理,使这一建筑与所在环境相融合。所以,总的说来它仍然是成功的。

4.1.2.5 节奏与韵律

节奏与韵律是同一个意思,都来源于希腊文(Rhythmos)。它原本是从音乐艺术而来的,目前已被运用到众多的艺术门类,成为产生协调美的共同因素。

在视觉艺术中,韵律是任何构成物体的诸元素成系统重复的一种属性,而这些元素之间,具有可以认识的关系。韵律虽然都可出现在音乐艺术和园林艺术中,但是园林和音乐有明显的不同。园林所有的部分都能同时显现出来,不像音乐那样按规定的顺序来表现,并且在音乐方面虽然有音色上的区别,重要的是只有"音"这样一种素材构成韵律。而在园林设计上,是曲线、面、形、色彩和质感等许多要素所共同组成的韵律。园林的韵律是多种多样的(见图4-8),因此,园林的韵律比音乐的韵律要复杂的多。

图 4-8 园林建筑的韵律感

1．连续韵律

指一种组成部分的连续使用和重复出现的有组织排列所产生的韵律感。例如,路旁的行道树用一种树木等距离排列便可形成连续韵律。

2．交替韵律

是运用各种造型因素作有规律的纵横交错、相互穿插等手法,形成丰富的韵律感。仍以行道树为例,上述的简单韵律(连续韵律)比较单调,如果两种树木,尤其是一种乔木及一种花灌木(如悬铃木和海桐)相间排列,便构成"交替韵律",这显然要活泼丰富得多。

3．渐变韵律

是某些造园要素在体量大小、高矮宽窄、色彩浓淡等方面作有规律的增减,以造成统一和谐的韵律感。例如,我国古式桥梁中的芦沟桥(建于 1189~1192 年),桥孔跨径、矢高就是按渐变韵律设计的。再如植物中的七叶树,其掌状复叶的七枚小叶就是由相同形状的重复和从小到大、又从大到小的有力渐变相结合而形成的。

当然,园林中的韵律感不仅仅是归纳为这三种形式,山峦的起伏、道路的曲折、季相的更替、曲廊的回折、屋檐的重复……,乃至空间的组合、整体的布局,都有着十分复杂而又活泼多样的韵律,往往给人们带来一种鲜明、生动、富有活力的美感。

思考题:
1．什么是形式美? 它与美的形式有何关系?
2．园林美的创造涉及形式美的哪些要素?
3．园林美的创造遵循了形式美的哪些规律?

4.2 园林美的创作技巧

前面论述了形式美的要素和形式美的一般规律,但是具体用作园林艺术创作的物质材料并不是纯粹的色彩和线条,而是自然山水、花草树木、亭台楼阁等物质材料。构成园林艺术品的这些物质材料,同样也是天地间一些极平凡之物,一经园林匠师之妙手,点石而成金,立即发生了质的变化。我国传统的园林是以山水为骨干的,在人化的自然美基础之上,施以与之相匹配的人工美创作,随着形势的发展和生活内容的要求,因山就水来布置亭榭堂屋,树木花草互相协调,构成切合自然的生活境域,并达到"妙极自然"的生活境界。这种园景的表现,不仅是再现自然的原野山林之一斑,而是表现了人对自然的认识和态度、思想和情感,或者说表现了一种意境。要将构成园林艺术作品的那些物质元素(山水、花木、建筑)即"造园元素"组合成特殊的美的载体——园林,就必须通过具体的造园过程,将这些"元素"安排在最为相宜的空间位置上,组成美的秩序,使其成为一个受人喜爱的园林。园林艺术的创作技巧,就中国古典园林艺术来说,可概括为选址布局、掇山理水、建筑经营、花木配置等四个主要方面。

4.2.1 选址布局

4.2.1.1 选址

地块是构园的先决条件,因此,计成在《园冶》一书中亦将其置于首篇,足见其基础地位。尽管大部分地块均可筑园,但若是可能,成功的选址只需稍事疏理、略加点缀,便可风光如画、成一佳构,可谓事半功倍。

对于选址总体要求,《园冶》早有概括:"园基不拘方向,地势自有高低;涉门成趣,得景随形,或傍山林,欲通河沼。探奇近郭,远来往之通衢;选胜落村,藉参差之深树。"山林、河沼、近郊远村,皆可构园,只需入门有趣、随地取景即可。

园地总有优劣之分。对于我国传统的自然山水园林来说,十分强调自然的野致和变化,喜欢有山有水,在布局中几乎是离不开山石、池沼、林木、花卉、鸟兽、虫鱼等来自山林、湖泊的自然景物。因此,考虑自然式园林的选址,最好是山林、湖沼、平原三者均备。我国的皇家园林,如避暑山庄、颐和园等,借皇权之势,所选园址都是如此。一些出家僧人、名流隐士,又往往在人烟稀少的名山胜水选址,修筑的园林风光如画,尽享山林逸趣。

山林地势有屈有伸、有高有低、有隐有显,自然空间层次较多,只因势铺排便可使空间多有变化。傍山的建筑借地势起伏错落组景,并借山林的衬托,所成画面自多天然风采。因此计成认为,"惟山林最胜,有高有凹,有曲有深,有峻而悬,有平而坦,天然之趣,不烦人事之工。"清乾隆帝在避暑山庄三十六景诗序中所提"盖一丘一壑,向背稍殊,而半窗半轩,领略顿异,故有数楹之室,命名辄占数景者",也正道出了在山林地造园的优点。同样,在湖沼地造园,临水建筑有波光倒影衬托,视野相对显得平远辽阔,画面层次亦会使人感到丰富很多,且具动态。"江干湖畔,深柳疏芦之际,略成小筑,足征大观也。"可见湖沼地亦是造园的理想场所。

历来我国造园在传统上喜爱山水,即使在没有自然山水的地方也多采取挖湖堆山的办法来改造环境,使园内具备山林、湖沼和平原三种不同的地形地貌。北京北海白塔山,苏州拙政园、留园、怡园的水池假山,以及扬州瘦西湖小金山等,都是采取这种造园手法以提高园址的造景效果。

园林建筑相地和组景意匠是分不开的,峰、峦、丘、壑、岭、崖、壁、嶂、山型各异,湖、池、溪、涧、瀑布、喷泉、水局繁多;松、竹、梅、兰,植物品种、形态更是千变万化。在造园组景的时候,需要结合环境条件,因地制宜考虑建筑、堆山、引水、植物配置等问题,既要注意尽量突出各种自然景物的特色,又要做到"宜亭斯亭"、"宜榭斯榭",恰到好处。如属人工模拟天然的山型、水局,则务须做到神似逼真、提炼精辟,而切忌粗制滥造、庸俗虚假。

园林建筑选址,在环境条件上既要注意大的方面,也要注意细微的因素,要珍视一切饶有趣味的自然景物,一树、一石、清泉溪涧,以至古迹传闻,对于造园都十分有用。或以借景、对景等手法把它纳入画面;或专门为之布置富有艺术性的环境供人观赏。对其他地理因素如土壤、水质、风向、方位等也要详细了解,这些因素对绿化质量和建筑布局也有影响,如向阳的地段,阳光阴影的作用有助于建筑立面的表现力;含碱量过大的土质不利于花木生长;在华北地区冬季西北寒风凛冽,建筑入口朝向忌取西北等。

对于城市地,《园冶》中认为"不可园也",是不可以造园的。当然,计成也没有全然否定,若一定要在城市建园,只要选择幽静而偏僻的地方,那么"邻虽近俗,门掩无华",园门一关,亦是可以闹中寻幽的。而且,"城市便家",这一点,为山林野地所不可及。若是"宅旁与后有隙地可葺园",则更是佳事,因为这不但便于暇时行乐,且可借以维护它优美的境地。我国现存的绝大部分江南古典园林,都是明清时期富商官僚、大户人家的后花园。

当然,社会主义时期园林建设的性质和目的与封建社会有着根本的不同,园林的人民性得到了强调。现代园林多建在城市,供广大劳动人民游憩,再加上城市用地相当紧张,所以,园址的选择大都只能服从于城市规划,园林设计师的任务只能是在给定的地域上因地制宜进行园景结构的经营。但只要巧妙构思、合理的布局,妙手同样可以作得锦绣文章。

4.2.1.2 布局

清朝画家沈宗骞(1736～1820年)在《芥舟学画编》里有这样一段描述："凡作一图,若不先立主见,漫为填补,东添西凑,使一局物色各不相顾,最是大病。先要将疏密虚实,大意早定,洒然落墨,彼此相生而相应,浓淡相间而相成,拆开则逐物有致,合拢则通体联络。自顶及踵,其烟岚云树,村落平原,曲折可通,总有一气贯注之势。密不嫌迫塞,疏不嫌空松。增之不得,减之不能,如天成,如铸就,方合古人布局之法。"文章论述的虽是绘画布局的重要性,亦可看作是造园布局之理。当造园地域划定以后,首要的工作就是要进行"谋篇布局"、"大意早定",因地制宜,充分利用因山就水高低上下的特性,以直接的景物形象和间接的联想境界,互相影响、互相关联,组成多样性的主题内容。占地广大时,出现园中有园、景中有景的多个景区,展开一区又一区、一景复一景,各具特色的意境;占地不大的,也自有层次,曲折有致地展开一幅幅山水画卷。

1. 布局原则

我国园林创作在布局上的基本原则,汪菊渊先生曾提炼为"相地合宜,构园得体,景以境出,取势为主;巧于因借,精在体宜;起结开合,多样统一。"等几个方面。

所谓"相地合宜,构园得体",最基本的亦即要因地制宜,考虑到园地自然条件的特点,充分利用、结合并改善这些特点来创作景物,精心经营,巧妙安排,构园自然得体,有天然之趣和高度的艺术成就。例如,北京圆明园因水成景,借景西山,园内景物皆因水而筑,招西山入园,终成"万园之园"。无锡寄畅园为山麓园,景物皆面山而构,纳园外山景于园内。均为构图自然得体的佳例。

至于怎样在布局中创作景物,古人讲,"景以境出",就是说,景物的丰富和变化都要从"境"产生,这个"境"就是布局。"布局径先相势",或说布局要以"取势为主",然后"随势生机,随机应变"。总之,景物的创作要从布局产生,布局必须相势取势,随着地面的起伏变化和形势的开展而布置相宜的景物,"高方欲就亭台,低凹可开池沼"、"宜亭斯亭,宜榭斯榭"(《园冶》)就是说的"得景随形"之理。

然而,园林的面积是有限的,园林的得景虽然主要来自本身的布局,但要扩增空间,丰富景物,"巧于因借"十分重要。因此《园冶》中有"夫借景,林园之最要者也"之说。而"借者,园虽别内外,得景则无拘远近"。就园内景物来说,不仅要因势取势,随形得景,还要从布局上考虑使它们能互相借资,来扩增空间,达到景外有景。具备这样一个布局时,当我们从园林的某一个景物外望,周围的景物都成了近景、背景,反过来以别的景物地点看过来,这里的景物又成了近景、背景,这样相互借资的布局合宜,就能平添多样景象而又有错综变化。不但园内景物可以互相借资,就是园外景物不拘远近,也可借资,从不同角度收入园内,也就是说在园内一定的地点、一定的角度就能眺望到,好似是园内景物一般。但不论是因或借,也不问是内借或外借,其运用的关键全在一个"巧"字。即任何因借,必须自然而然地呈现在作品里,要天衣无缝、融洽无间,才能称得上巧。能够巧于因,才能"宜亭斯亭,宜榭斯榭",能够巧于借,才能"极目所至,俗则屏之,嘉则收之,不分町疃,尽为烟景,斯所谓巧而得体者也。"(《园冶》)。特别是现代园林,常位于都市楼群之中,若要借景得体,则尤须慎加斟酌。

起伏开合、多样统一是园林布局的主要原则。布局不但要相势取势来创景,巧于因借来得景,同时这些多样变化的景物,如果没有一定的格局就会零乱庞杂,不成其体。既要使景物多样化,有曲折变化,同时又要使这些曲折变化有条有理,使多样景物虽各具风趣,但又能相互联系起来,从这个意境,忽然又走向另一个意境,激发人们无尽的情意。具有这样一种布局是我国园林最富于感染力的特色之一。

2．布局手法

为了更具体更集中地表现出园林意匠，自然牵涉到园林布局的艺术手法，造园实践积累的布局手法是丰富而多样化的。概括地讲大凡有障景、隔景的手法，对比的手法和借景的手法。

(1)障景：是我国园林中起景部分常用的传统手法（当然亦可用于园林的其他部分），目的是使游者莫测深远，致使园内景物引人入胜。起手部分的障景可以运用各种不同题材来完成。这种屏障如果是叠石垒土而成的小山，叫做山障，例如颐和园仁寿殿后的土石山，苏州拙政园腰门后的叠石构洞的石山。如果是运用植物题材，例如一片竹林树丛，就可以叫做树障。也可以是运用建筑题材，通常在宅园，往往要经过转折的廊院才来到园中，叫做曲障，例如苏州的留园，进了园门顺着廊前进，经过两个小院来到"古木交柯"和"绿荫"，从漏窗北望隐约见山、池、楼、阁的片断，怡园也是经过曲廊才来到隐约见园景的地点；或者像无锡的蠡园那样进洞门后有墙廊领引到园中，廊的一面敞开为了可见太湖水景，廊的内面是漏明墙，墙后又有树丛，使人们只能从漏窗中树隙间隐约见园中景物。

总之，障景的手法不一，并非呆板成定式，但其目的相同。采用障景手法时，不仅适用的题材要看具体情况而定，或掇山或列树或曲廊，而且运用不同的题材来达到的效果和作用也是不同的，或曲或直，或虚或实，或半隐或半露，半透半闭，全应根据主题要求而匠心独运。障景手法的运用，也不限于起手部分，特别是面积有限，需要小中见大的设计，园中处处都可灵活运用。

图 4-9　隔景

(2)隔景：要使景物有曲折变化，就得在布局上因势随形划分多个景区，规模宏敞的园林可以有数十个景区（见图 4-9），例如圆明园、避暑山庄等，规模小的园林即使不能有明显区划也会有层次地展开，园林中划分景区、增加层次，往往借助隔景的手法，中国园林所谓"园中之园"主要运用隔景的手法将全园分为若干趣味不同的景象组群，甚至围成相对独立的小园。如苏

41

州拙政园中枇杷园,即是用云墙及绣绮亭、土山围成封闭的空间,面向主体景象——湖山,构成了一个相对独立的环境。

用于隔景的题材多种多样,或采用地势的起伏——土石或石山,隔断观赏视线,例如苏州拙政园"梧竹幽居"与见山楼之间的湖中土山,耦园城曲草堂与"山水间"之间的石山;或采取建筑处理,以堂榭、墙廊隔断,例如苏州逸圃主体景象与西南角景象用粉墙阻隔,拙政园中部与西部之间用复廊隔断等,还有用树丛植篱、溪流河水等分隔的。总之运用的题材各异,但目的唯一。隔景在造园布局中所起的效果和作用要根据主题要求而定,或虚或实,或半虚半实,或虚中有实,或实中有虚。简言之,一水之隔是虚,也可以说是虚中有实。是虚,因为游路并不能越过;是实,虽不可越,但可望及;一墙之隔是实,不可越,也不可见。疏朗的树林,隐隐约约是半虚半实;而漏明墙、或有风窗的墙廊亦虚亦实;步廊可说是实中有虚,因为视线可以透过。

运用隔景手法来划分景区时,不但把不同意境的景物分隔开来,同时也使新的景物有了一个范围。由于有了范围限定物,一方面可以使注意力集中在范围景区内,一方面也使游人来到不同主题的景区时感到各自别有洞天,自成一个单元,而不致像没有分隔时那样有骤然转变和不协调的感觉。清沈宗骞在《芥舟学画编》里说:"布局之际,务须变换,交接之处务须明显。有变换则无重复之弊,能明显则无扭捏之弊。"事实上,隔景也成为掩藏新景物的手法而起障景作用。因此所谓隔景的称谓不过是就其所起作用和效果而说的,是便于具体作品的说明而存在的,实际上它们都是完成布局上一定要求的手法。

(3)借景:在一定地域内(即园内),即使能够熟练地运用各种手法来造景,使园景多样化,但还总归有限,更重要的是能够"巧于因借"。"夫借景,林园之最要者也"(《园冶》)。可见,借景在园林规划设计中占有特殊重要的地位。借景是强化景象深度的一个重要原理,把囿于既定范围内的园林创作,置之于园址所在环境及天时基础之上,充分利用环境及天时的一切有利因素,以增进园林艺术效果。不费分文而可终年赏景(见图4-10)。

图4-10　借景

借景的手法也有多种,"如远借、邻借、仰借、俯借、应时而借"(见《园冶》借景篇)。远借主要是借园外远处的风光美景,如峰峦岗岭重叠的远景,田野村落平远的景象,天际地平线、湖光水影的烟景,只要极目所至的远景,都可借资。但远借往往要有高处,才可望及,所谓欲穷千里目,更上一层楼。因此远借时,必有高楼崇台,或在山顶设亭榭。登高四望时,虽然外景尽入眼中,但景色有好有差,必须有所选择,把不美的摒弃,把美的收入视景中,这就需要巧妙的构图;

或利用亭榭的方位,使眺望时自然而然地对着所要借资的景物,为此在布局时必须注意建筑物的朝向角度;或地位使然,只能注目到某一朝向,例如避暑山庄烟雨楼西北角的方亭;或利用亭榭周旁的竖面;或种植树丛来摒去不美的景物,使视线集中在所要借资的景物上。

高处既可远借,也可俯借。这里所谓高处,自是相对而言的,观渔濠上,或凭栏静赏湖光倒影,都是俯借。俯借和仰借只是视角的不同。碧空千里,白云朵朵,日月星辰,飞鸟翔空都是仰借的美景,仰望峭壁千仞,俯视万丈深渊,这也是俯仰的深意。邻借和远借只是距离的不同,一枝红杏出墙来固然可以邻借,疏枝花影落于粉墙上也是一种邻借,漏窗投影是就地邻借,隔园楼阁半露墙头也是就近的邻借,至于应时而借,更是花样众多。一日之间,晨曦夕霞,晓星夜月;一年四季,春天风光明媚,夏日浓绿深荫,秋天碧空丽云,冬日雪景冰挂。这些四时景物都可借资不同季节的气候特点而表现。就观赏树木而言,也是随着季节而转换的,春天的繁花,夏日的浓荫,秋天的色叶,冬日的树姿,这些都可应时而借来表现不同的意境。

(4)框景:是把真实的自然风景,用类似画框的门、洞、窗,或由乔木树冠抱合而成的透空罅隙,圈定出景致的范围来,使游人产生三维变二维的错觉,把现实风景误认为是画在纸上的图画,因而把自然美升华为艺术美(见图 4-11)。由于外间景物不尽可观,或则平淡中有一二可取之景,甚至可以入画,于是就利用亭柱门窗框格,把不要的隔绝遮住,而使主体集中,鲜明单纯,好似画幅一般。例如颐和园的湖山真意亭,运用亭柱为框,把西往玉泉山及其塔的一幅天然图画收入框中,于是人们的注意力就集中在这幅天然图画而不及其他。再如扬州瘦西湖钓鱼台,亭临湖水,三面都有圆洞门,站在亭前透过圆洞眺望,五亭桥与白塔双景并收。五亭桥横卧波光,圆洞成正圆形;而白塔耸立云天,故圆洞呈椭圆形。这不仅是我国造园技艺中运用借景的杰出范例,也是框景的成功运用。如果在庭院里、室内,从里向外眺望,只要构图合宜,二三株观赏树木或几块山石、数杆修竹……皆可入画。把平淡的景物有所取舍,美妙佳景即可突显眼前。

图 4-11　框景

这种框景的构图手法若能灵活运用在园林布局中,便可起到移步换景的效果,丰富园林景观(见图 4-12)。这一事半功倍之举,早已为古人所体察。李渔在《闲情偶寄》中写道:"……坐于其中,则两岸之湖光山色,寺观浮屠,云烟竹树,以及往来之樵人牧竖,醉翁游女,连人带马,尽入画面之中,作我天然图画。且又时时变幻,不为一定之形。非特舟行之际,摇一橹变一象,撑一篙换一景,即系缆时,风摇水动,亦刻刻异形。是一日之内,现出百千万幅佳山佳水……"。李渔的这段话,妙言取框借景,"时时变幻","刻刻异形",且又"绝无多费",也是一种少花钱、办好事的做法,在我国古今园林艺术中都应用颇多。

图 4-12　移步换景

4.2.2　掇山理水

中国园林,自古以来即是以山水园为特色而著称于世的。它是在山水创作的基础上,根据园景立意的构思和生活内容的要求,因山就水来布置亭榭堂屋、树木花草,使之互相协调地构成切合自然的生活境域,并达到"妙极自然"的艺术境界。因此,山水地形的创作是进行园林艺术创作的第一步。

山水是园林的地貌基础,包括土地和水体两部分。土地包括平地、坡地、山地,水体包括河、湖、溪、涧、池、沼、瀑、泉等。天然的山水需要加工、修饰、整理,人工开辟的山水要讲究造型,要解决许多工程技巧问题,也就是通常所说的"掇山"和"理水"。掇山或理水,不仅要符合各自的艺术要求,而且要正确处理好山水之间的相互关系。所谓"水随山转,山因水活","溪水因山成曲折,山蹊随地作低平",虽是画理,也恰好说明了造园中山与水的相互关系(见图 4-13)。

4.2.2.1　掇山

园林中人工堆起来的山,当然是假山。但假山是从真山来的,我国辽阔的土地上有众多的名山胜景,这是造园家取之不尽的灵感源泉。假山来自真山,但并不是真山的翻版,事实上,就体量来说,园林造山亦不可能模拟真山,而是经过概括提炼,创作出典型化了的艺术形象,是艺术的再现,要求得山林的趣味。但是,堆叠假山用的造园材料,却具有真山的相同质地,因此,可以达到"虽由人作,宛自天开"的境地。

图 4-13 掇山理水

真山有多种多样的形态,但大体上可以归纳为土山、石山、土石混合山三类,不同的山形代表着不同地域的自然风格。与真山相似,假山也可分为土山、石山和土石混合山三种类型,而不只是专指叠石为山。但是从聚土为山到叠石为山,在我们园林创作史上存在着一个发展过程。

园林掇山何时用土何时用石?实无定法。一般来说,"大山用土,小山用石"这一原则值得提倡。本来假山是从土山开始,逐步发展到叠石,园林中的假山,是模仿真山来创造风景,而真山值得模仿之处,正是由于它具有林泉丘壑之美,能使人身心愉快。如果全部用石叠成,草木不生,即使堆得嵯岈屈曲,终觉有骨无肉,干枯乏味,难言情趣。况且叠石有一定的局限性,不可能过高过大,因此占地面积愈大,石山愈不相宜,所以"大山用土"的原则,在今天尤其值得重视。小山用石,可以充分发挥堆叠的技巧,使它变化多端,耐人寻味,而且在小面积范围内,也不宜于聚土为山,这对庭园中点缀小景,最为适宜。但"大山用土,小山用石"并非绝对分开,而应灵活运用。我国现有园林中纯土山已很少见,纯石山则常见到,不过有时为了配置植物和需要,也在适当的位置上蓄土,而土山上缀石植树,不光是显现山林野趣的艺术需要,亦兼具防止水土流失的实用功能。

堆土叠石,是一种具体处理手法,难以详达。但一些艺术要求,不可不知。清朝李渔在《闲情偶寄》里,论到叠山有段话,大意是说:磊石成山,是在不具备隐居山林的条件时,以片石、池水来满足亲近自然的精神需求。堆山的技艺不能简单等同于作画,画家可将千岩万壑一挥而就,跃然纸上,面对几块顽石却会无计可施;而叠山高手,看似信手几下堆叠,却立现造物的神奇,这当然是经验使然。然而堆石匠人也有高下之分,加之如果随主人的好恶而任意增删内

45

容,其结果是,倘若主人具备艺术修养尚可,否则会是耗费金钱而使山不成山、石不像石。说明堆石须另辟画理,积累经验,还要排除俗物的干扰,方能成精美佳作。

在"大山"篇里,李渔还认为:"山之小者易工,大者难好"。开首即说设计大山之困难。但如果"用以土代石之法,既减人工,又省物力,且有天然委曲之妙。"堆大山也就并不难了。李渔提倡"盛土"以筑山,这个主张在《园冶》和《长物志》中均未提到。石多石少并不是问题,土多,则为土山带石;石多则为石山带土。关键在于"土石二物原不是相离"。

关于"小山",李渔说:"小山亦不可无土,但以石作为主,而土附之。土之可胜石者,以石可壁立,而土则易崩,必仗石为藩篱故也。外石内土,此从来不易之法。"看来,古人也明白以工程治理来保持水土的道理。

石山技巧要求高,如果处理得当,更富有表现力,它便于描写峭壁、濠涧、岩洞之类,给人以自然界岩石嶙峋的山景。石山的用石要选择得当,以便更好地表现设计意匠。如扬州个园的"秋山"用的是英石,夕阳西照,英石映红枫,倍增秋色,而"冬景"则大胆选用洁白、通体浑圆的宣石(雪石),将假山叠至厅南墙北下,给人产生积雪未化的感觉,成功地表现了"冬意"。

在中国园林艺术中,还有一种从掇山衍生出来的叠石,原是出于模仿自然景观,但在不断的创作过程中,逐渐发展为抽象的形式美的经营。在狭小的庭园或较大宅园的厅堂等建筑前后或庭院中,不可能或不适宜叠掇较高大的山时,则用叠石或叠石花台(周边自然叠石,中间蓄土种花)来表达山林环境的趣味。

4.2.2.2　理水

如果说掇山是东方园林所特有的手法,那么理水则是东西方造园的共有技巧了。不过,东西园林中理水之法是大异其趣的。

西方园林由于总体布局呈几何形格局,园林中的水景亦大多采用整形式设计,以取得与整体的协调。水池的形状一般都呈方形、长方形、圆形、椭圆形、多角形等几何形状,处于庭园中心或正对主体建筑、公园入口等重要位置上。大型的水池常放在全园的主轴线上,如凡尔赛宫前巨大的十字形水池,华盛顿国会大厦前主轴线上很长的一字形水池,印度泰姬陵前的水池等,都很著名。而水法也是回教园林的生命,回教园在其呈"田"字形格局的园林中,往往在十字林荫路交叉处设中心水池,以象征天堂。喷泉则是西方园林中应用极为普遍的另一种水法,而且发展到鬼斧神工的地步。

和山石一样,水,也是构成我国古典园林的基本要素之一。但我国古典园林中的理水之法与西方不同。其水体形式主要有湖泊池沼,河流溪涧,以及曲水、瀑布、喷泉等水型。

对于湖泊、池沼等大型水体来说,大都是因天然水而略加人工或依地势"就低凿水"而成。这类水体,面积较大,例如北京的北海、中南海,颐和园的昆明湖,杭州的西湖等,《园冶》所谓"纳千顷之汪洋,收四时之烂漫"的情景只有在这样的大园大型水面中才有领略的可能。在这类开阔的水面上,往往可以使用安排岛屿,布置建筑的手法,增进曲折深远的意境,形成一种离心和扩散的格局。这种情况和史料上记载的汉、唐宫苑形制——设太液池,池中以土石筑蓬莱、方丈、瀛洲诸山,山上置台观殿阁——多少有些相似。例如杭州西湖的湖中三岛三潭印月、湖心亭、阮公墩,是以大水面为背景构成的水景建筑空间。其中三潭印月有小瀛洲之称,明万历年间用疏浚湖内的淤泥堆成绿洲,形成"湖中有岛、岛中有湖"的多层次特有水景空间。

对于开阔水面的所谓悠悠烟水,应在其周围或借远景,或添背景加以衬托。例如避暑山庄的澄湖有淡淡云山可借;颐和园的昆明湖可近借玉泉山,远借小西山;或像中南海那样就以漠漠平林为背景。开阔水面的周岸线是很长的,要使湖岸天成,但又不落呆板,同时还要有曲折和点景。湖泊越广,湖岸越能秀若天成。于是在有的地方垒作崖岸,例如颐和园后湖的绮望轩等布局;或有的地方突出水际,礁石罗布布置有亭榭,其情景恰如《园冶》所述:"江干湖畔,深柳疏芦之际,略成小筑,足征大观也。"

规模小的园林或宅园,或大型园林中的局部景区,水体形式以水池为主。此类水池,无江湖之瀚,阔者一至数亩,精巧者一席见方,借意"一勺如江湖千里"。池岸常筑以廊榭轩阁,驳以参差石块,植以垂柳碧桃,清池倒影,自有妙境。庭园里还常在"池上理山",或就水点石,别有情趣。庭中作池则常作规整形制。

我国古典园林以水作动态处理时,常常模拟瀑布这一自然水型。通常的做法是将石山叠高,山下挖池作潭,水自高泻下,击石喷溅,俨然有飞流千尺之势。历史上宋徽宗造艮岳"瀑布屏",构筑甚妙,它用"紫石,滑净如削,面径数仞,因而为山,贴山卓立,山阴置木柜,绝顶开深池,车驾临幸,则驱水工登其顶,开闸注水,而为瀑布"。(《艮岳记》)清代乾隆花园里假山上蓄水柜用作瀑布景,即属此类。古时还有用竹筒承檐溜(滴水),暗接石罅中,叠山凿池而成瀑布景的,自然呈现另一番野趣。现在,城市里均有自来水设备,水引至叠山高处,不需人工,可以按需随时泻瀑成景。

溪涧属线形水型,水面狭而曲长。水流因势回绕,不受拘束。大型的风景园林中有天然泉涧时,自成其景。庭园里,一般利用大小水池之间,挖沟成涧,或轻流暗渡,或环属回萦,使庭园空间变得更自如。例如南京瞻园静妙堂西侧的回流涧,它联络堂前堂后大小两池,前段湖石沿涧砌筑,与堂前叠山壮景联成一气;后段平坡而渡,涧若大若小,就中驾设小石板桥,山石随势置立,莘草沿溪滋生,徐步涧边,尽涤俗尘。

此外,园林中还常出现泉(以天然泉为多)、潭(临岸深水之水型,常设于假山、瀑布下)、滩等水型。若园中无水或少水,还常用陶器、盆缸或玻璃水柜之类盛水作景,这类水型可以灵活迁摆,一般作为点缀庭园水景用。

应当指出,理水当因地制宜。尤其在北方,水源成为首要的制约因素。一味追求水景,一旦达不到预期效果,反而不美。

4.2.3 建筑经营

在各类园林中,或多或少地都包含有建筑处理。欧洲园林的传统流派,甚至整个以"建筑"的原则来经营园林。按照建筑的匠思把树木、花卉布置成几何图案,甚至把树冠修剪成几何形体,这就是所谓"几何式"或曰"规则式"、"建筑式"。与此相反,某种"自然式"流派则又往往绝对排斥建筑因素,除不得已保留铺装的路径之类以外,把最低限度的必不可少的休息建筑都用树木掩蔽起来,深恐其破坏了主要用植物手段所构成的自然景象。中国园林艺术则与之不同,它对于建筑的营造自有其独特的辨证手法。中国园林把人与自然的对立统一关系体现在园林艺术当中,因而构成建筑与自然景象的有机结合。

中国园林作为一种美的自然与美的生活相结合的游憩境域,历来就十分重视对园林建筑的经营。因为它不仅要表现自然的美,而且还要表现人在自然中的生活和寄托,当然也是体现园林艺术实用功能性的重要手段之一。园林建筑,就是在自然环境中人的形象及其生活理想和力量的物化象征。在中国,不论是在范围很小的古典园林里,还是在大型园林或风景名胜区,都力求把建筑与自然融为一体。从功能上讲,它们都是园林艺术的一种组织手段,一方面作为游人的驻足风景的出发点,同时也是被游人观赏的对象。因此,它们除了具有可供停留、坐立等实用价值外,还要兼备可供观赏的审美价值。完美的形象是园林建筑和风景建筑的共同要求。

在我国古典园林,尤其是江南私家园林中,因多是宅园,出于生活起居的需要,庭园建筑在景物构成上占有较大的比重,常常居于主导或支配地位。因此,《园冶》中有"凡园辅立基,定厅堂为主。"的说法。就造园工程来说,亦是以建筑为先的。就建筑形式上来说,《园冶》记述的有门楼、堂、斋、室、房、馆、楼、台、阁、榭、轩、卷、广、廊、架等类型。这些园林建筑,在古典园林中的经营位置,大都是"先乎取景","园林书屋,一室半室,按时景为精(须随时尚景物为精)","野筑惟因(园林的建筑,必定以因地借景为要素)","奇亭巧榭,构分红紫之丛;层阁重楼,迥出云霄之上;隐现无穷之态,招摇不尽之春"。还有"宜亭斯亭,宜榭斯榭"等原则,依据地貌和形势的展开,因地制宜、因景制宜地安排园林建筑。我国古典园林,尤其是私家园林中的庭园建筑,同山石、水池相比,体量相对较大,而且占有较大的地位,往往构成中心景点,还常用建筑来分割园林空间,起障景、对景、借景的作用,使有限的空间得到延伸,获得小中见大的效果,起到扩大空间的作用。但是,在经营建筑时,若遇到多年树木,有碍建筑时,则采用巧妙的设计,退让一步,以两全其美。这是因为"雕栋飞楹构易,荫槐挺玉成难"(意为:古槐修竹的移植、成活较难)(《园冶》)的缘故。当然,我国古典的皇家园林中,范围广阔,建筑的比重不大。

在大型园林或风景区中,建筑的地位与私家园林截然不同。其中的风景建筑,与大自然相比,无论在相对体量或绝对体量,以及景物构成的比重上,都是很小的。很难形成主要景观,常是居于从属地位。为了观赏风景,自然山水中的风景建筑或大型园林中的建筑要为游人创造最好的观赏条件,将风景名胜或园中佳景依次展现在游人面前,引导游人在大范围的自然山水中,用尽量少的时间和精力获得最佳的游览效果,起到浓缩景物的作用。所以,在进行园林建筑的规划、设计时,要注意依乎山水之形,就乎山水之势,顺其自然地使它依附于山水之间,居于恰如其分的地位,不必像古典园林那样追求体量之庞大、装饰之富丽、材料之华贵,与自然山水去争高低。它只有"巧于因借"、"精在体宜",有机地与自然景物相结合,才能起到锦上添花的作用,使风景区或大型园林的建筑与山水相得益彰。为了做到这一点,风景建筑常采用均衡的不对称构图,以求得几何形的建筑形象与天然的山水风景之间的和谐和统一,如桂林风景建筑的布局即采取了这一形式。当然,这并不是唯一的手法,在一定条件下,经过恰当的处理,对称的构图也能获得良好的效果,如承德避暑山庄的布局即是如此。

出于园林建筑有驻足赏景的功能,对大多数园林建筑来说,它都应为游客提供良好的风景视野,并起到组织游览程序、剪裁园景和安排景面的作用。在园林中组织建筑空间时,经常将内部空间向外部的自然界伸展,同时也将外部自然物纳入室内空间,达到两者的互相渗透、互相交融。为此,园林建筑一般都不做四面封闭处理。观赏植物、花草虫鱼引入室内,使建筑内部有生命气息;即使顽石、流水、清风、天光,一旦纳入室内,也会使人感到大自然的脉动,令人心旷神怡。至于在建筑空间里穿插天井、庭院,在其中布置花、木、石、水等,也是常用的手法。有时为了达到某些效果,形成有如明与暗、开与闭、放与收、大与小、高与低等对比,在风景建筑中也采取了一些遮挡、封闭、压抑、分隔、收拢等手法,给游览程序的过渡和景物有层次的展现准备条件,以便取得更好的游览效果。

在园林建筑的空间组合中,单凭建筑手段还是不够的,要注意使植物、山石、岩洞等自然材料,一起参加空间构图,打破建筑和其他园林要素之间的界限,综合地加以考虑,才能达到完美的境地。

48

4.2.4　花木配置

翻开世界造园史,不难发现,园林是以花木发端的。随着历史的推演,造园的素材不断丰富和发展。园林的规模有大有小,素材有多有少,但都离不开树木花草。植物作为生态环境的主体,是风景资源的重要内容。取之用园林创作,可以营造一个充满生机的、优美的绿色自然环境;繁花似锦的植物景观,是令人焕发精神的自然审美对象。造园可以无山或无水,但不能没有植物。至于日本的"枯山水"庭园,它似乎是没有植物的园林特例,但枯山水往往只是园林中的局部,而整个园林环境中,则是不乏植物的。中国古典园林,特别是私家园林,虽然植物比重不大,但它仍然是构成园林景象必不可少的要素。连北京的颐和园和承德的避暑山庄等皇家宫苑,建筑也只在一个角落里,更多的是自然山水和植物。欧洲造园,不论是花园(Garden)或林园(Park),顾名思义更是以植物为主要手段,可以说,植物与园林不可分割,离开了树木花草也就不称其为园林艺术了。

中、外各式园林中,植物的艺术表现方式不尽相同。一般来说,有几何式与自然式之分。前者如意大利式和欧洲古典主义花园,其植物配置无论是总体布局还是单株体形,都是以几何的形式美,或曰建筑美为标准。花木依图案趣味布置成像地毯一样的所谓"刺绣花圃",树木成行成列种植,有的将树冠修剪成方、圆等几何形体,或是各种象形的"绿色雕塑"。植物配置的自然式则是模仿植物自然生长的形式,作自由布置。17世纪初叶,英国经验主义哲学家培根在《说花园》中所提倡,并在其私园中实现的植物配置,就是采取"完全的野趣,土生土长的乔木和灌木",使"园圃尽可能像荒野般自然"(《Novum Orgamum》)这是一种极端的自然主义思潮。18世纪欧洲在中国园林进一步影响下所产生的自然风景园林,其模仿自然原野的植物配置力求数量、布局和空间尺度的形似,也有自然主义的倾向。

中国园林中的植物配置同是所谓"自然式",但与西方的"自然式"不同,其模仿自然,着重于神似。其配置方式,主要是融汇于山水景象中,采取一种不同于欧洲的特殊的自然配置方法。中国古典园林艺术中的植物配置主要是从景象艺术构成出发,为了求得与叠山、理水"小中见大"艺术风格的统一,往往采用夸张、象征的手法,三五株树便是一个丛林,突显的是山林气息。

名种花木具有不同的生物学习性,园林配置时必须各得其所,布置有方,满足各自的生态要求。清代的陈扶瑶在《花镜》课花十八法之一的"种植位置法"一节里即有很好的见解:"花之喜阳者,引东旭而纳西晖;花之喜荫者,植北圃而领南熏。"在满足生态需求的前提下,主要是进行景象艺术的配置,就艺术方面来说,则要考虑植物的造型和色彩特点、人赋品格特点,及其所在环境的情趣和构图关系。关于这方面,《花镜》早有典型性总结。书中"种植位置法"一节写道:"……如园中地广,多植果木松篁;地隘,只宜花草药苗。设若左有茂林,右必留旷野以疏之;前有芳塘,后须筑台榭以实之;外有曲径,内当垒奇石以遂之。花之喜阳者,引东旭而纳西晖;花之喜阴者,植北圃而领南薰。其中色、相配合之巧,又不可论也。如牡丹、芍药之姿艳,宜玉砌雕台,佐以嶙峋怪石,修篁远映。梅花、蜡瓣之标清,宜疏篱竹坞,曲栏暖阁,红白间植,古干横施。水仙、瓯兰之品逸,宜磁半绮石,置之卧室幽窗,可以朝夕领其芳馥。桃花夭冶,宜别墅山隈,小桥溪畔,横参翠柳,斜映明霞。杏花繁灼,宜屋角墙头,疏林广榭。梨之韵,李之洁,宜闲庭旷圃,朝晖夕霭;或泛醇醪,供清茗以延佳客。榴之红,葵之灿,宜粉壁绿窗,夜月晓风,时闻异香,拂尘尾以消长夏。荷之肤妍,宜水阁南轩,使薰风送麝,晓露擎珠。菊之操介,宜茅舍清斋,使带露餐英,临流泛蕊。海棠韵娇,宜雕墙峻宇,障以碧纱,烧以银烛;或凭栏或欹枕其中。木犀香胜,宜崇台广厦,挹以凉思,坐以皓魄;或手谈或啸咏其下。宜寒江秋沼。松、柏、骨苍,宜峭壁奇峰。藤萝掩映,梧竹致清,宜深院孤亭,好鸟闲关。至若芦花舒雪,枫叶飘丹,宜重楼远眺。棣堂丛金,蔷薇障锦,宜云屏高架。其余异品奇葩,不能详述,总由此而推广之。因其质之高下,随其花之时候,配其色之浅深,多方巧搭。虽药苗野卉,皆可点缀姿容,以补园林之不足。使四时有不谢之花,方不愧名园二字,大为主人生色。"此番雅论,虽为略显艰涩的文言,但细细品读之后,方觉各种植物配景描写得十分精妙,非是白话文能译其精髓的。中国园林正是这样从景象整体出发,根据不同花木的性情,来考虑植物配置的。

具体说来,我国园林中的花木配置,根据场合、具体条件的不同,主要应处理好与山水、建筑两大造园要素之间的关系。

山地有土、石之别,花木配置亦有区别。土山的效果,除自然缀石外,主要是由植物配置而衬托出山林气氛的。尤其是可以远观的山,其峰峦气势实际上是由树木助成。因此,花木配置是山势,尤其是土山的重要补充手段。土山山麓种植,乔、灌比例较小,即以地被植物为主,适当配以小乔木,目的在于遮挡平视观赏线,着重表现隆起的山势,用植物衬托点石、盘道,不使看到山岗全体,造成幽深莫测的婉转山径。山腰则可增加高大乔木的比例。山顶则多植乔木,适当搭配灌木,目的在于平视可见层层树干,增加山林景深,仰视则枝桠相交,浓荫蔽日;俯视则石骨嶙峋,虬根盘礴,四周树冠低临脚下(多由灌木作成),这便衬托出山巅岭上、林莽之间的景象效果。土山本身一般不作主要观赏对象,而以山林空间经营为重。为突出季相,山林植被以落叶树木为主,当然也必须间以常绿树种,以免冬景萧条。

石山古怪嶙峋,土少导致花木亦少,而重在表现叠石之美。一般掇石为山之时,都在适当之处留有花台,用以点缀竹木花草,但一般要求"山大于木"。峭壁悬崖,峰峦之间,模仿自然点缀屈曲斜倚之树木,披垂纤细虬枝之藤萝,则具深山幽谷之意境。体量稍小,表现抽象形式美的叠石或独立石峰,也常缀以植物,但多是攀援花木。即如《园冶》所说:"蔷薇未架,不妨凭石",这对于花木来说,叠石起到花架的作用,对于叠石来说,植物点缀青绿朱紫,助增生气,还可遮挡叠石不足之处,而起到藏拙和补足气势的作用。例如扬州瘦西湖独立石峰上以及个园夏山之巅的紫藤就是一例。阴湿的自然石阶及叠石、盘根等处,为模拟苍古有时亦置以苔藓地衣,标志着园林植物配置艺术修养之深。

水面配置植物,以保持必要的湖光天色、倒影鲛宫的景象观赏为原则。在不妨碍美丽倒影的水面上,可配置些以花取胜的水生植物(常用荷花、睡莲),但应团散不一(常将荷花缸栽后置入水中,以防肆意蔓延),配色协调。园林里较大的湖池溪湾,可随形布置水生植物蒲草、芦苇,高低参差,自成野趣。渊潭之处,关键在于周围竹木浓荫的笼罩;而瀑布岩崖,则宜配植松、枫、藤蔓之类,宛若山崖植被。水中藻类的配置,是取得幽深静谧的有力手段,且常可结合蓄养鱼类,兼收综合生态功效。

在我国园林中,建筑的经营与植物配置之间是协调统一的。植物是融汇自然空间与建筑空间最为灵活、生动的手段。园林创作通过花木与建筑两者空间、体形的组合,调和建筑与其所在的山水环境的关系,从而把整个园林景象统一在花红柳绿的植物空间当中,使人工美与自然美在共同的主题思想下得到和谐。

私家园林建筑比重较大,花木配置起烘托、陪衬作用。树种的选择应与建筑风格相协调,树形、色泽都要考虑。我国古建筑十之八九的屋角起翘,外观庄严,平面又多均衡对称,因此宜用硕大乔木,而水阁游廊则配以榆、柳、芭蕉等。在色彩方面,北京阴少晴多,古建筑黄瓦红墙,多用松柏及白皮松,对比性很强,酌量用些槐、榆,也觉高直雄伟,翠盖满院;南方枫树到深秋变色,衬在灰色屋面与粉墙晴空下,颜色很是醒目。庭园栽植,一般选用桂花、玉兰、茶花、丁香、紫薇等花灌木,花时满院清香;或间植中国梧桐与盘槐,亦觉青葱可爱。园林中花木配置的方式,一般有孤植、丛栽、群林、带植、花池、草地、漫生等方法。但园林空间里多以数种配置方法组合,使景观丰富而自然。但大多不成行列,具有独特姿态的树种常单植作为景点。具有铺装的地面,常留有各种植畦,花台更是普遍,其上点以山石,配置花木。粉墙前亦常安置湖石、修竹、天竹、梅花等,淡雅宜人;或干脆以粉墙为纸,以松、竹、梅"岁寒三友"或是梅、兰、竹、菊"四君子"等绘画题材,再缀以山石,作所谓"画题式"配置,亦与门、窗、花墙相结合,构成植物框景。

总之,花木配置诚如古人所云:"其余异品奇葩,不能详述,总由此而推广之。""多方巧搭"方能"不愧名园"。当然,花木亦可盆栽、瓶插,这样可在建筑园林中随意点放,引花卉于室内,而起到建筑空间与自然的媒介作用。其中,盆景作为园林艺术的重要分支,常作点景,乃至独立成园,为园林增色。

古藤老树在园林创作中更具独特的造景价值,一般在设计之初即将其作为既定条件来考虑。在适当的环境里,诸如小天井、月台、路口、庭院等处,以台、座、栏、篱为衬托,作相对独立的陈设式布置,构成独立的观赏对象。如果建筑布局与其发生位置上的矛盾,则宁肯修改建筑方案。这固然是因为"十年树木"——树木生长需要较长时间,新植树木见效缓慢,利用原有大树可以立见成效,还在于此举(建筑让古树)可以体现尊重自然、顺应自然的思想,即使枯干朽木,也不轻易挖去,而是采用特殊的手法,如缠以紫藤、凌霄,便可"枯木逢春",蔚然成景。

我国的园林是讲求风格,切忌千篇一律的。花木受气候地带性影响明显,最能表现园林的地方风格。北京的槐树、广州的木棉、扬州的垂柳、杭州的桂花,还有成都的芙蓉、武汉的荷花……,这些饶有风味的乡土树种,构成了别具一格的园林景观。同时,适地适树的原则在园林中的应用,还能使乡土树种的身价提升,带动城市绿化风格的形成。

4.3 园林意境的创造

4.3.1 园林意境与诗画

在中国古典美学中,讲究意境、传神、阳刚、阴柔的审美范畴。就意境而言,尽管人们已对此作了大量的深入研究,但迄今仍争议颇多。按照《辞海》解释,意境是文艺作品中所描绘的生活图景和表现的思想感情融合一致而形成的一种艺术境界。可见,一件文艺作品要称得上有意境,前提条件是要"情景交融"。园林艺术尽管有别于其他艺术种类,但也属艺术范畴,因此,一件优秀的园林艺术作品(园林)应当具有意境,也就是应当首先做到情景交融,引发人的想像。前面说到,意境是中国美学的特色,这并非断然否定国外园林不具此特色,无意境可言,因为无论中西,思维方式虽各异,但思想内容却有共同点。园林文化源于对美的共同追求,国外造园家们在设计园林,创造园林时,也会将自己的情感和思想融入到他们所创作的园林艺术中去,只不过处于不同文化形态的"局外人",不易理解他们的用意,好比我们读译本的莎翁名著,很难有英语古文之感。诚然,在中国园林,尤其是中国古典园林中,中国古典美学中特有的意境说得到了很好的体现。因此,我们除尊重借鉴国外园林文化外,首先还应眼光向内,研究和把握中国古典园林中的意境美。

谈中国园林的意境,不能不谈诗画,且不争论园林来自于诗画,还是诗画出自园林,我们仅就中国园林历来与诗画的结缘甚密,以及意境首先是中国古典诗画的美学范畴,来展开探讨。

清代钱泳在《履园丛话》中说:"造园如作诗文,必使曲折有法,前后呼应,最忌堆砌,最忌错杂,方称佳构。"一言道破,造园与作诗文无异,从诗文中可悟造园法,而园林又能兴游以成诗文。因此陈从周先生认为研究中国园林,似应先从中国诗文入手。这虽是一家之言,却道出了园林与诗文的关系。

诗文在园林艺术中的作用,首先表现在它直接参与园林景象的构成。中国园林内的匾额、碑刻和对联,并不是一种无足轻重的装饰,而同花木竹石一样,是组成园景的重要材料,它们能造成古朴、典雅的气氛,并起着烘托园景主题的作用(见图 4-14)。如果没有诗文,一切题额就根本无法依存,更谈不上对园林景象的画龙点睛之妙了。关于这一点,清初多才多艺的伟大作家曹雪芹,在其不朽的名著《红楼梦》中,借贾政之口发表了这样的见解:"(大观园)……若大景致,若大亭榭,无字标题,任是花柳山水,也断不能生色。"足见标题是园景中不可缺少的成分。从这一点上说,中国古典园林均是"标题园"(Subject Garden)。园林的命名,即园林艺术作品的标题,或记事、或写景、或言志、或抒情,分别如"留园"、"烟雨楼"、"拙政园"、"怡园"等等,突出了园林的主题思想及主旨情趣,同时引领游人的审美体验,去领悟感性风景所蕴藏的深厚内涵。诗文不仅用于突出全园主题,也常被用作园内景点的点题和情景的抒发。如"长留天地间"(苏州留园)、"可自怡斋"(苏州怡园)、"志清意远"、"与谁同坐轩"(苏州拙政园)、"长堤春柳"(扬州瘦西湖)、"法净晚钟"(扬州大明寺)等等,不胜枚举。题咏亦是如此,不过更多的是寓情于景,情景交融就是了。这些借自然景象而抒怀的题咏,主要以对联的形式结合在建筑上。如扬州瘦西湖"长堤春柳"亭的楹联是"佳气溢芳甸,宿云澹野川","月观"的对联是"月来满地水,云起一天山","钓鱼台"的对联是"浩歌向兰渚,把钓待秋风","平山堂"的对联则是"过江诸山到此堂下,太守之宴与众宾欢"等等。园林中的这些楹联,或蕴哲理发人深思,或抒情怀令人神怡,或切主题启人心智,成为园林艺术不可或缺的组成部分,也是中国园林艺术的精华所在。人们欣赏园林名胜的同时,也为这些文思精妙的楹联所吸引。

图 4-14 避暑山庄 热河泉

中国园林，名曰"文人园"，是一门饶有书卷气的艺术。诗文在增添"书卷气"上起了直接的作用，从而使园林的格调更为高雅。特别是园林中的题记，如果出自历史名流之手，就更能增添园林艺术的光彩。一座园林如果没有诗文的补缀，便觉其俗，即缺乏文化素养。中国古典园林中，园主文化水平的高低，直接影响园林的优劣，因而有"造园看主人"的说法。《履园丛话》中即记载了有关的实例："吾乡有浣香园者，在啸傲泾。江阴李氏世居。康熙末年，布衣李芥轩先生所构。仅有堂三，楣曰怒堂。堂下惟植桂树两三株而已，共前小室，即芥轩也。沈归愚尚书未第时，尝与吴门韩补瓢、李客山辈，往来赋诗于此，有浣香园唱和集，乃知园亭不在宽广，不在华丽，总视主人以传。"这正是所谓"斯是陋室，唯吾德馨"的写照。

诗文在园林艺术中的主导作用，还在于促使景象升华到精神的高度，亦即对园林意境进行开拓。园中景象，只缘有了诗文题名、题咏的启示，才引导游者联想，使情思油然而生，产生"象外之象"、"景外之景"、"弦外之音"。苏州拙政园的湖山上植有梅树，缘于其中建筑题名"雪香云蔚"，才使人顿觉踏雪寻梅的诗意；而对联所摘唐人诗句，"蝉噪林愈静；鸟鸣山更幽"，也开拓了山林野趣的意境；加上文字是出于明代江南才子文征明的手笔，更增添了这一景观的文采风流。再如前述的平山堂对联，不仅是"平山堂"景致和欧阳修在此宴饮史实的真实写照，也隐喻了主人蔑视朝廷、仕途挫折、寄傲林泉的封建士大夫思想，使园林景象和思想内容得到了高度的融合，产生了深远的意境。

在中国艺术论上，历来就有"诗画同源"之说。中国园林追求诗的意蕴，不可能不讲求画的境界。

中国绘画有边款、题记，画面上不但注明标题、作者和创作时间，而且常常是写上创作此画的旨趣、感想或缘由之类的诗文，并加盖印章。写在画上的这些文字和加盖的各式印章，不但在画面形式上形成了一个统一构图的整体，而且在内容上也是和绘画融为一体的。其形式服从画的需要，其内容即是绘画的内容，两者紧密协作，共同构成了"诗情画意"。

中国画在魏晋时即进入了"畅神"的审美阶段，出现了自然山水画，其宗旨是师法自然而不模仿自然，重在写意。山水画上的景物不同于真山实水，它是通过画家审美眼光观察所及的产物，寄寓了画家的思想感情。往往以有限的笔墨写无限意境，给人联想，使人回味。而绘画乃造园之母，许多古典园林，都是直接由画家设计和参与建造的，如扬州的片石山房和万石园，相传为画家石涛所堆叠。明代画家文征明是苏州拙政园主人王献臣的密友和座上宾。中国明代江苏最著名的两位造园家和造园理论家计成和文震亨，也都是画家。在这种情形下，造园之理自然颇通绘画之理，其运动的、无灭点的透视、无限的、流动的空间，决定了中国古典造园方式是以有限空间、有限景物表现无限意境，即所谓"小中见大"、"咫尺山林"云云。

由此可见，园林意境虽然不能等同于诗画的意境，但与诗画意境相通。

由于中国园林追求的是意境美，因此其时空观必然与之相对应，具有独特的时空意识。

众所周知，道家的自然观对我国古代文学的发展，和古代艺术民族特色的形成，是极为重要的。以老、庄为代表的道家哲学，主张天人合一的思想，反对一切清规诫律，要在自然的无限空间中得以自我心灵的抒发和满足，表现在艺术中则是"神与物游，思与境谐"的审美意识。《庄子·秋水》中说："夫物，量无穷，时无止，分无常。"认为时空是大而无穷，变化不止的。佛教哲学也强调虚空的、幻境般的审美意识。这种时空观念强烈地影响着中国的艺术观，中国古代的诗画在处理时空时，就是和这种哲学的时空观一脉相承的。诗歌要充分想像，所以就要超越时空的限制。中国画，不是站在固定的角度，集中于一个透视焦点，而是从全体着眼来看部分，从流动的角度来展望上下四方。从创造意境的需要出发,在时空描写中注入主观的情感,构成既有舞蹈的节奏感,又有音乐旋律美的意境,达到如严羽在《沧浪诗话》中所说的"如空中之音,相中之色,水中之月,镜中之象,言有尽而意无穷。"

图 4-15　颐和园鸟瞰图

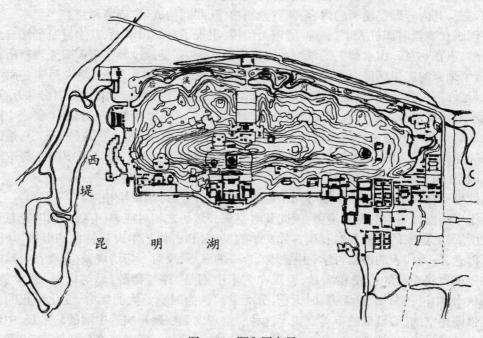

图 4-16　颐和园布局

中国园林在处理时空的问题上,与诗画有相通之处。由于园景和诗境、画境一样,在美学上共同追求"境生于象外"的艺术境界,因而这三者都具有以有限空间描写无限空间的艺术创作原理。中国园林艺术,尤其是江南私家园林艺术是在有限的空间里,以现实自然界的砂、石、水、土、植物、动物等为材料,创造出幻觉无穷的自然风景的艺术景象。它在"城市山林,壶中天地,人世之外别开幻境"中"仰观宇宙之大,俯察品类之盛",使人们在有限的园林中领略无限的空间,从而窥见到整个宇宙、历史和人生的奥秘。它充分发挥了中国空间概念中关于对立面之间的对峙性、变易性和无限性,并通过有与无、实与虚、形与神、屏与借、对与隔、动与静、大与小、高与低、直与曲等园林空间的组织方式,创造出无限的艺术意境。使得"修竹数竿,石笋数尺"而"风中雨中有声,日中月中有影,诗中酒中有情,闲中闷中有伴"。从观赏落霞孤鹜,秋水长天而进入"天高地迥,觉宇宙之无穷;兴尽悲来,识盈虚之有数"的幻境;从"衔远山,吞长江,浩浩荡荡,横无际涯"的意境中升华为"先天下之忧而忧,后天下之乐而乐"的崇高人生观。这就是中国传统艺术所追求的最高境界:从有限空间到无限风光,再由无限风光而归之于有限的人生哲理,达到自我的感情、思绪、意趣的抒发(见图 4-15、图 4-16)。

思考题:

1. 我国古典传统园林创作技巧有哪四方面?
2. 选址布局应遵循的原则是什么?
3. 布局手法有哪些?其审美意识是什么?
4. 举例说明掇山理水的要点?
5. 建筑经营有哪些相应处促其完美?
6. 花木配置在园林中美的作用是什么?

4.4 园林艺术的再现性与表现性

文艺论上历来就有中国艺术重表现的说法,表现情感组成了中华民族艺术美学的中心,而创造意境以及对意境艺术美的欣赏,则铸成了中华民族特殊的审美心理结构。无论是王维的"明月松间照,清泉石上流",马致远的"枯藤老树昏鸦,小桥流水人家……",还是范宽的《溪山行旅图》,徐渭的《青藤书屋图》,无不创造出一片片令人神往的美妙的境界。一首五绝,一曲小令,就是一片崭新天地,几道溪水,数株松竹就是一个独立的小天地。中国园林艺术尽管与诗画的表现手段、塑造形象(园林景象)有很大区别,但他们追求的都不是简单地再现自然,而是带有诗情画意的艺术境界。中国园林对艺术意境的刻意追求,决定了它的艺术创造是重于表现。但是,从根本上来说,艺术又永远离不开对现实的再现。而且,园林艺术由于借助于山水、草木等自然物来进行艺术创造活动(造园),与音乐和建筑艺术相比,更便于再现、模仿外在事物,尤其是自然山水。因此,其再现性要比音乐、建筑,甚至抒情诗、舞蹈等艺术门类强得多。当然,园林艺术的再现与表现的比例成分,在不同民族、不同历史时期的造园活动中是有差异的,比如我国古典园林艺术的表现性就比西方古典造园艺术和我国现代园林艺术要强一些。但无论何种园林艺术,都是表现与再现的辩证统一。它们的辩证关系在我国古典园林艺术上得到了鲜明的体现。

4.4.1 园林艺术的再现性

艺术中的再现,其基本特点就是对各种事物形象的描绘。它是最容易为人们所发现和接受的,也最容易引起人们的审美兴趣,使人产生愉悦。园林艺术直接模仿大自然中的美妙景色,使自然风景在园林空间里得到再现。我们可以将园林看作是大自然的一个缩影或一个片断。但需要指出的是,园林模仿自然但不是照搬照抄,是自然风景的投影。园林艺术中的再现是具有双重意义的再现,它一方面模仿自然,属于模仿品;另一方面,由于这种模仿是由自然物质来实现的,具有原物的所有特性,所以人们往往将它看成是原物,成为自然风景的一个组成部分。我们喜欢大自然中的美妙景色,所以对园林产生兴趣,又由于园林景色具有自然性质,所以人们更希望直接进入园林去欣赏园景,而不是通过照片、绘画或电影来欣赏它。曹雪芹借刘姥姥之口说出了这一道理:"今儿进这园里一瞧,竟比那画儿还强十倍。"这园便是指曹雪芹精心"设计"的大观园,那画自然是指山水风景画。由此可见,园林艺术在再现客观性方面表现得比其他艺术更为突出、更为成熟。

园林艺术在再现自然时所采用的方法也是非常独特的,首先它要再现的不是自然界的某一物体或事件,而是由多种物质、多个物体有序地排列而成的美的现象,或说是再现自然美的内在秩序。其次,它所用的材料不是人造的颜料、画纸(布)、胶卷、印相纸等,而是天然的泥土、石块、花草、树木,这就使园林风景与自然风景具有相同的质感,因此,园林艺术最有效地再现了自然,使之获得了特殊的再现效果。

再现艺术中,人们经常关心的是模仿与相似问题。一般的艺术欣赏者,所关心的是艺术品模仿原物是否逼真或相像,他们认为一件再现艺术品的成功与否就在于它模仿得是否"惟妙惟肖"、"栩栩如生"。然而艺术家在创作过程中所考虑的并不如此简单,一件艺术品要想获得其存在的价值,仅有相似是不够的,必须具有属于作品中本身的东西。布洛克说:"模仿"乃是人类试图获得的能力或技艺,人们努力追求它,有的成功,有的失败。"相像"则不然,它只不过是一种偶然的现象。在中国,无论是画家还是造园艺术家,都清楚地认识到这一点。著名国画大师齐白石就曾说过,作画妙在"似与不似之间,太似则为媚态,不似则为欺世"。李苦禅先生在论八大山人时提到:"八大山人的取物造型,在写意画史上有独特的建树,他既不杜撰非目所知的'抽象',也不甘写极目所知的'表象',他只倾心于以意为之的'意象'"。这对其恩师白石老人"似与不似之间"的画论作了准确诠释和发展,充分说明了中国画对审美主体的创造意识和审美对象之间的关系,中国画所追求的是神似而非形似,即追求那种模仿能力的技艺,而不是那种偶然的相像。国画是"状自然之貌,不若摄自然之魂",园林艺术又何尝不是如此?要知道园林艺术与国画在艺术理论方面有着诸多的相似之处。与国画一样,以大自然作为审美认识和审美表达对象的园林艺术,在再现自然景色时,不是追求局部形态的相似甚至逼真,而是求得自然美的内在秩序,求得"神似"。因此,我们在欣赏、评价园林的成功与否时不能简单地用"相似原理"来衡量,要掌握园林艺术的内在精神。这种内在精神就是我们下面将论述的园林艺术的表现性。

4.4.2 园林艺术的表现性

和艺术中的再现相比,表现是一个更为复杂的问题。这个问题之所以复杂,是由于表现是以人心中各种难以言传的情感为对象的,它和对外在的可以直接观察到的各种事物的形象描绘很不相同,而是深藏在事物内部,难以为人们所欣赏。因此,艺术家的高明之处就在于如何运用高超的技巧将自己的情感和思想以可感知的具体形象传递给观众和游客。在这一点上,中国古典园林艺术和其他优秀的艺术门类一样，是颇为成功的。中国古典园林艺术以其"美丽的躯壳"成功地表现了它的"美丽灵魂"。总结一下这一成功的经验，我们认为中国园林艺术，尤其是中国古典园林艺术主要采用了三种表现手法：

4.4.2.1 运用延伸空间和虚复空间的特殊手法，组织空间，扩大空间，强化园林景深，丰富美的感受

所谓延伸空间的手法，即是通常所说的借景。明代造园家计成在其名著《园冶》中就提出了借景的概念，计氏说"借者，园虽别内外，得景则无拘远近。晴峦耸秀，绀宇凌空，极目所至，俗则屏之，嘉则收之，不分町疃，尽为烟景，斯所谓巧而得体者也。"可见，计氏在这里还说明了借景的原则即"俗则屏之，嘉则收之"，阐明了借景并非无所选择，无目的的盲目延伸。

延伸空间的范围极广，上可延天，下可伸水，远可伸外，近可相互延伸，内可伸外，外可借内，左右延伸，巧于因借。由于它可以有效地增加空间层次和空间深度，取得扩大空间的视觉效果，形成空间的虚实、疏密和明暗的变化对比，疏通内外空间，丰富空间内容和意境，增强空间气氛和情趣，因而在中国古典园林中广为应用。

虚复空间并非客观存在的真实空间，它是多种物体构成的园林空间由于光的照射通过水面、镜面或白色墙面的反射而形成的虚假重复的空间，即所谓"倒影、照影、阴影"。它可以增加空间的深度和广度，扩大园林空间的视觉效果；丰富园林空间的变化，创造园林静态空间的动势；增强园林空间的光影变化，尤其水面虚复空间形成的虚假倒空间，它与园林空间组成一正一倒，正倒相连，一虚一实，虚实相映的奇妙空间构图。例如广西的花桥，半月形的桥拱，倒影水中，连成满月，颇令游人称奇。水面虚复空间的水中天地，随日月的起落、风云的变化、池水的波荡、枝叶的飘摇、游人的往返而变幻无穷、景象万千、光影迷离、妙趣横生。像"闭门推出窗前月，投石冲破水底天"这样的绝句，描绘了由水面虚复空间而创造的无限意境。

4.4.2.2 造园艺术常用的比拟和联想手法，使意境更为深邃

扬州个园"四季假山"的叠筑，是最好的实例(见第二章图2-3～图2-6)。造园者用湖石、黄石、墨石、雪石别类叠砌，借助石料的色泽、叠砌的形体、配置的竹木，以及光影效果，使寻踏者联想到春夏秋冬四时之景，产生游园一周，如度一年之感。在墨石山前种有多竿修竹，竹间巧置石笋数根，以象征"春日山林"。湖石山前则栽松掘池，并设洞屋、曲桥、涧谷，以此拟"夏山"。黄石山则高达9米，上有古柏，苍翠褐黄的色彩对比以象征"秋山图"。低矮的雪石则散乱地置于高墙的北面，终日在阴影之下，如一群负雪的睡狮，以比拟"冬山"。当然，这种借比拟面产生的联想，只有借助文学语言，借助文学作品创造的画面和意境，才能使人产生强烈的美感共鸣，才能因妙趣横生而提高园林艺术的感染力。因此稍有文学修养的人，看到"春山"那墨色的深色，就会想到"春来江水绿如蓝"或"染就江南春水色"一类的诗句；而见到荷池竹林边的"夏山"，则会联想到"映日荷花别样红"或"竿竿青欲滴，个个绿生凉"的诗意；看到红褐色的"秋山"，就会想到"霜叶红于二月花"的佳句；而转身突见"冬山图"，则会产生"千树万树梨花开"之感。在"夏山"中有十二洞室，其中有一"水濂洞"，内中石笋倒悬，泉流露滴，游人至此会真切感到："乳窟龙珠倚挂，索回满地奇葩，……，几树青松常带雨，浑然像个人家。"个园内的四季假山构图相传为国画大师石涛手笔，通过巧妙的组合，表达了"春山淡冶而如笑，夏山苍翠而如滴，秋山明净而如妆，冬山惨淡而如睡"的诗情画意。

此外，我国历代文人赋予各种花木以性格和情感，构成花木的固定品格。造园者在运用花木或游客欣赏花木时，联想到特定的花木种类所象征的不同情感内容，可以增强园林艺术的表现性,拓宽园林意境。

4.4.2.3 运用诗文题句表现园林意境

中国园林艺术常运用匾额、楹联、诗文、碑刻等形式,来点景、立意,表现园林的艺术境界,引导人们获得园林意境美的享受,这一点已如前述。

以上主要从三个方面论述了园林意境的创造。它是通过眼前的具体景象,而暗示更为深广的优美境界,即所谓景有尽而意无穷。对于造园来说,这种生动感人的意境乃是由于造园家倾注了主观的理想、情感和趣味的结果。当然,园林意境不只是造园时的研究论题,它也是游赏范畴的内容。

思考题:

1. 举例说明园林意境美?
2. 园林艺术的再现性与表现性关系如何?

第 5 章　园林美的鉴赏

园林欣赏是一种审美认识活动。它以园林美把园林与游者联系在一起。也是游者在享受、评价园林美的同时检验园林社会效果的重要途径。本章就园林艺术生产(园林创造工作、造园)和园林消费(休闲欣赏)的相互依存关系,及如何欣赏园林美加以介绍。

5.1　园林美鉴赏的意义

园林欣赏,通俗地说就是游园,是一种观赏、领略园林美景的审美活动。作为精神产品的艺术种类之一,园林艺术的生产(园林创作、造园)和消费(园林艺术欣赏)虽然各自处于不同的层面,分别具有独立性与封闭性,却又在园林事业的运作中彼此向对方开放,构成了相互依存的关系。

创作与欣赏的"相互依存",首先通过直观就可以看到:因为有园林创作、有造园活动,所以欣赏者(游人)才有了欣赏的外在对象,才有游园活动;假如根本没有园林创作,当然也就没有园林可供游赏。反之,欣赏则是创作的内在对象,创作的目的就是为了满足欣赏的需要;假如根本不存在游客和游园(园林欣赏)活动,园林艺术产品得不到社会承认,那么,园林创作作为一种社会性的创造活动也就失去了存在的前提。

其次,造园与欣赏的相互依存关系,还表现在园林艺术作品社会价值的肯定与社会效果的显现上。任何艺术品对于作者本人来说,可能是不受时间空间影响的永久实体;但对于社会和历史来说,它究竟具有什么价值,能起什么作用,却不由创作者单方面决定,而要有欣赏者的有力参与。因为欣赏活动并不仅仅是对创作的被动接受,而是欣赏一方在创作的诱导下,发挥积极的能动作用。所以园林作品实现其社会价值和社会效果,乃是创作与欣赏双方交会的结果。不同时代、不同民族、不同阶级以至不同个性的欣赏者都因思想感情上的差别而对艺术作品产生不同的感受和理解,因此,对于园林的评价与效果的显现就既有可能在现实中发生差异,也有可能在历史上出现变动。这种差异与变动正是创作与欣赏相互依存的生动表现,也是对于园林艺术作品的评价褒贬不一和促使园林艺术形式多样化的缘由。

用接受美学的理论来审视园林艺术创作与欣赏的相互关系更为明了一些。接受美学认为,任何文学本文都具有未定性,都不是决定性或自足性地存在,而是一个多层面的未完成的图式结构。它不是独立的、自为的,而是相对的、为我的。它的存在本身并不能产生独立的意义,而意义的实现则要靠读者通过阅读对之具体化,即以读者的感觉和知觉经验将作品中的空白处填充起来,使作品中的未定性得以确定,最终达到文学作品的实现。所以,接受美学关于文学作品的概念包括这样的两极,一极是具有未定性的文学本文,一极是读者阅读过程中的具体化,这两极的合璧才是完整的文学作品,如伊瑟尔所说:"从这种两极化的观点看来,作品本身显然既不能等同于本文,也不能等同于具体化,而必定处于两者之间的某个地方"(《阅读活动:审美反应理论》)。这也就是说,没有读者将本文具体化,本文只能是未完成的文学作品,没有读者的阅读,就没有文学作品的实现。这也就不难理解,一部《红楼梦》能读出一个红学领域的奇迹了。

上面的接受美学理论尽管是有关文学作品,同样适用于园林艺术作品,按照传统的朴素的概念,创作与欣赏的关系是简单的,无非是创作者把文学艺术作品作出来,而欣赏者则被动地加以接受。当然欣赏者也可能不接受、不欣赏这些作品,但无论接受或不接受、欣赏或不欣赏,都不能改变已经出现的艺术品,也不能改变创作者自己选定的创作之路。所以创作与欣赏的关系是单向的,即前者使动,后者受动。而在接受美学看来,欣赏者作用就不同。由于接受美学将读者对本文的具体化纳入到文学作品的构成要素之中,所以它必然不能如一般文艺理论那样只承认读者对作品的被动接受,而必然承认读者的能动创造,并给这种创造以充分而广阔的自由天地。在接受美学看来,读者对本文的接受过程就是对本文的再创造过程,也是文学作品得以真正实现的过程。文学作品不是由作者独家生产出来的,而是由作者和读者共同创造的。现实中,"金大侠"的一系列力作,很难找到一个为武侠迷所共同称道的电视剧版本,也是作品存在于读者心中的缘故。

由创作与欣赏、作者与读者之间的这层关系,可以得知:园林欣赏虽说是一种以造园为基础的艺术审美活动,但欣赏活动并不仅仅是对园林创作的被动接受,而是欣赏一方既接受园林景象的诱导,也发挥积极的能动作用。如果说园林创作凭借联想和想像,以自然山水为基础进行创造性审美活动的话,那么,园林欣赏则是欣赏者根据自己的生活经验、思想感情,运用联想、想像去扩充、丰富园林作品描绘艺术形象(园林景象)的过程,即如上述,是一种再创造性的审美活动。欣赏者游园时,在感受、体验园林美景的基础上,通过联想、想像、移情、思维等一系列心理活动参与园林景象的再创造和园林意境的开拓,从而强化了园林美感,使园林艺术欣赏达到理想的境地。从这层意义上说,园林欣赏是园林创作(造园)的继续和发展。

园林欣赏的前提是园林。尽管园林中有各种各样的类型,单就国内的园林而言,就有古典、现代之别,还有大型的公园、小巧的庭园之分,但就欣赏而言,园林的质量极其重要。因为欣赏园林,首要的一条就是园林的本身必须有景可赏,这样才会引起游客的欣赏兴趣,才会吸引游客将自己的心理活动指向并集中于特定的园林或园景。古人善将名诗佳句的意境,蕴于游赏时的艺术想像之中,以增强美感,这是值得园林欣赏者借鉴的。进而言之,由于不是所有的园林都有意境,更不是随时随地都具备意境的,因此,这就牵涉到选择什么样的园林最耐看,选择什么样的园林才能领略意境。欣赏园林,最好是选择那些意境绝佳的名园;这样的园林、园景,更耐人寻味,名人题咏,更发人幽思,可收到理想的欣赏效果,而不致索然无味。

思考题:

1. 园林美鉴赏的意义是什么?
2. 怎样理解以接受美学的观点来看待园林艺术作品?

5.2 园林美鉴赏的过程

随着国民经济的发展,人们有了更多享受园林美的条件。要求游者先具备对园林美的审美能力,而后观赏园林是勉为其难的。尤其初出游者,只能在不断积累对园林美的认知过程中,提高审美能力。运用正确的方法步骤完成去鉴赏过程,不断实践才能逐渐提高对园林美的审美能力。

欣赏园林的过程分为三个阶段,以下作简要的描述。

5.2.1 观

园林创作首先是以亭台楼阁、树林花草等特殊的感性形象作用于人们的感觉器官的,因此,欣赏园林艺术也首先要有充分的感性认识。人们对艺术品的欣赏,总是从对艺术品的感性直观开始的。"观",作为欣赏园林的第一阶段,主要表现为欣赏主体对园林中感性存在的整体直观(或直觉)把握。很显然,在这一阶段,园景起着决定性的作用,园林以其实在的形式特性(如各造园要素的形状、色彩、线条、质地,甚至花草的芳香、园林的音乐等等),向游园者传递着某种审美信息。

园林主要是一种视觉艺术,园林中的建筑小品、假山叠石、花草树木均是具体实在的审美要素,因此,欣赏园林时主要需要人们的视觉参与。但是园林艺术又不单是一种视觉艺术,而且还涉及到听觉、嗅觉等感官。

中国对于园林的审美理想,有一种传统的提法,希望达到"鸟语花香"的境界。欣赏园林中的这种"鸟语"与"花香",就分别要求游客听觉和嗅觉器官的参与。诚然,园林中的听觉美,不仅仅是"鸟语",还有风、雨、泉、水的声音。例如,苏州拙政园中的听雨轩,就是借雨打芭蕉而产生的声响效果来渲染雨景气氛的。又如留听阁,也是以观赏雨景为主,取意于"留得残荷听雨声"的诗句。承德离宫中的"万壑松风"建筑群,也是借风掠松林发出的涛声而得名的。在现代园林中,还将音乐与叠石、喷泉结合起来,形成所谓的"音乐喷泉"(国内已较多应用)和"岩石音乐",将音乐艺术同化为造园艺术的组成因子之一。园林中以嗅觉为主的园景更多,例如苏州留园中的"闻木樨香";拙政园中的"雪香云蔚"和"远香溢清"(远香堂)等景观,无非都是借桂花、梅花、荷花等的香气袭人而得名的。可见园林欣赏的第一阶段名曰"观",其实不能等同于绘画等视觉艺术的纯视觉感官,而是一种综合性的感知。这是由园林的特殊结构决定的,园林的多层结构需要诸知觉功能(视、听、嗅、触等)的综合运用及心理通感。

就"观"的方式来看,陈从周先生认为有动观、静观之分。园林不像盆景那样,可以卧以游之,而是具有一定范围的现实境域,特别是对于那些较大面积的园林,游人不可能固定在一个视点上就将满园景色尽收眼底。而必须身入园中,或廊引人随、步移景换、或驻足凝神、观赏园景。一般来说,在造园时就已考虑到这一点,开辟园路曲径,布置亭台廊榭,就是为了引导游客观赏。园林是一个多维空间,立体风景,因此,对于园中纵向景观,观赏时还往往有俯、仰之别。至于四时季相、阴晴雪雨,更需时时探访,方得佳境。

对于欣赏园林的"观",一般欣赏者都能达到,但不少欣赏者也可能就停止于这一步。对园林艺术的审美欣赏,还有待于进一步深化,从而进入园林欣赏的第二阶段"品"。

5.2.2 品

如果说"观"主要是按园林景象来理解园林的话,"品"则是欣赏者根据自己的生活经验、文化素养、思想情感等,运用联想、想像、移情等心理活动,去扩充、丰富园林景象的过程。它是一种积极、能动的再创造性的审美活动。

在园林欣赏中,联想是一种常见的心理现象。它具有生成新形象的功能,从而可以极大地丰富园林景象的美感意义。由于很少有人能"不以物喜、不以己悲",所以,睹物思情对于常人来说,可借以生情的景物是关键。园林欣赏中的优美联想与想像需要有真正优秀的造园活动来诱发,并作为艺术效果的一种显现而证实艺术创造的价值。因此诱发欣赏者的联想和想像乃是造园者高超技艺的过硬表现,说明他有能力调动欣赏者的积极性来参与艺术美的再创造。

在园林欣赏中，联想，最常出现的是在物与物的相似性的类比中生成形象，在物与事、物与人的接近性联系中深化对象，使景物显示出新的境界和新的意趣。如扬州个园的春山，湖石依门，修竹迎面，石笋参差亭立，构成一幅以粉墙为纸，竹石为图的极其生动的画面。触景生情，点放的峰石仿佛似雨后破土的春笋，使人联想到大地回春，欣欣向荣的景象；再如冬山，造园者大胆选用洁白、通体浑圆的宣石（雪石），假山叠至厅南墙北下，给人产生积雪未化的感觉。

在园林中，园林景物的美固然与其千姿百态的形状、姹紫嫣红的色彩、雄浑的气势和幽深的境界有关，但它在一定程度上是作为人的某种品格和精神的象征而吸引着人们的。所谓象征，是指某一事物的后面有一个普遍性的思想作为基础。就是说，某一事物如果是一象征性的形象，那么它的意义并不在本身，而在它的后面所隐含着的那个普遍性的思想。然而，就自然物本身的形象而言，它并不包含着抽象的思想，因此，它的象征意义需要经过观赏者的联想活动，才能把它创造出来。可以说，园林中的一山一水，一草一木，只要我们自觉地、积极地发挥联想的功能去进行再创造，差不多都可以成为一个富有深意的象征性形象。特别是中国园林中的山石，它的美是一种含蓄而抽象的美；它等待着欣赏者的情之所寓，它需要人们调动起各自的情感和激发起深层的联想。这样，不仅使园林景象变得更加鲜明生动，而且，亦使它的意义变得更加丰富充实。诚然，赏石文化对于一般人要有一个接受过程，但这并不能影响普通游人发挥想像的自信，君不见，云南路南石林中，阿诗玛等美丽形象，不都是由众多游客的联想，赋予了石头生命的吗？

在园林欣赏的"品"的阶段，在诸心理功能的活动中，想像占居重要地位。中国园林，特别是中国古典园林，以富有诗情画意而著称于世，属于自然写意（主义）风景园（Landscape Style in Symbolism）。中国园林艺术的这一特性，要求它的欣赏者具有诗人一样的想像力。从某种意义上讲，游客的想像力越丰富，获得的审美意象越深刻，艺术享受就越崇高。对于园林这种极富象征意蕴的艺术，游客要是没有一定的想像力，是难以欣赏到它的韵味的。

园林与其他实在的审美产品一样，都有一个共同的特性，这就是面向审美消费者的开放性及其吁请结构，吁请审美欣赏主体的介入，使构成园林景象的与人无关的客观景物，成为与主体相关的活生生的审美世界。波兰美学家英伽登说任何艺术品都有许多"空白点"，留待欣赏者的介入而使之充实和具体化；中国古典美学强调艺术中的"虚境"，强调虚实结合，即所谓"虚实相生，无画处皆成妙境"。因此，中国书、画历来讲究留空布白；中国园林亦决不例外。造园者在造园布局时，常让幽深的意境半露半含，或是把美好的意境隐藏在一组或一个景色的背后，让游者自己去联想，去领会其深度，这叫园林艺术的朦胧美。白云缭绕、雨雾迷茫、月色朦胧、曲径通幽，这月色和烟雨之中隐约可见的虚幻超凡的世界，比起日丽风和之中所显现的园林实境，更有一番韵味。就是在具体的手法上，如建筑与空间、山石与水面，甚至是在布置水面植物，如池中植荷（莲）时，亦通过池中置缸等做法，控制荷（莲）花不过分扩展，能够仿书画之意，留空布白，讲究虚实的对比和结合，真实地反映有生命的世界。著名美学家宗白华先生也认为，有"虚"才能调动欣赏者的想像力，否则艺术品就没有生命、没有情味。有空白是艺术的特性，空白是艺术的韵味所在；填补空白是艺术审美欣赏的特性，通过这样填补的想像活动，艺术的无穷韵味才能被欣赏者获得。

如果说园林中亭台楼阁、小桥流水、山石花草等具体可感的客观物构成了园林中直观实境的话，那么，园林意境便是欣赏者在感官直觉的基础上，依靠自己的主观想像，体验到的园林可观内容之外的更为深远的意蕴，此为虚实结合之境。游客开拓园林意境实则是填补"艺术空白",使虚境具体化的过程,如同给《红楼梦》续上一个自己满意的结尾,不是他人可代替的。

从接受美学的角度来审视鉴赏范畴内的园林意境,我们说一幅景致有意境,实质上是指这幅园景或园林艺术作品可以提供一个富有暗示力的心理环境,使游客可以从中体味到造园者所要传达的心理感受。这种潜在的"心理环境",含蓄的"潜意境",是一个未定的开放系统,深藏于园林内部。它等待着欣赏者的心之所向,情之所寓。这种"潜意境"只有在游客欣赏接受的过程中才真正表现或产生出来。在"造园者——园林——游人"这样的三维审美体系中,游人是可变的、能动的因素。园林作品中的这种"潜意境",只有在游人欣赏接受后才会变得实在具体。由于园林意境是由创作者和欣赏者共同创造的,因此游人才可以凭自己的想像开拓无限的意境,获得极为丰富深邃的美感。

由于在欣赏园林的"品"的阶段,欣赏者的联想与想像占主导地位,也就是有赖于欣赏者主体性的发挥,因此,欣赏者本身审美经验、生活阅历、文化素养、思想情感便会间接地影响到欣赏效果。由于欣赏者的审美趣味和能力千差万别,这种个性差异很自然地会在欣赏过程中体现出来;另外,任何一个景点、一座园林都是一个多层次、多方面的意义结构,欣赏者的兴奋点也总是有所侧重的,亦即欣赏时会有所偏爱。因此,对于同一景物,同一园林可能作出不同甚至截然相反的审美评价。这就是为什么对于园林艺术作品的评价褒贬不一的缘由。中国有"诗无达诂"的说法,国外亦有"有一千个观众就有一千个哈姆雷特"的说法。这其实是强调了欣赏者的主体性作用,从这层意义上来说,一座园林,会得到不同的解释,产生不同的效果。

诚然,一些优秀的园林、闻名的园景,它们所具备的美是能雅俗共赏,获得欣赏者大体相似的审美评价的。因为园林欣赏的前提毕竟是园林,园林欣赏中的再创造不是凭个人意志的臆造,想像也决非不着边际的"展开想像的翅膀",它必然受到欣赏对象的一定规范和制约,遵循着园林景象固有的逻辑途径进行。在这方面,中国古典园林中运用的景名题咏,不失为引导游客进行定向联想和想像的成功之作。当然,并不是说每个景点均必须悬挂景名匾额。音乐有"标题音乐"(programme music)和"无标题音乐"(absolute music)之分,园林风景大概亦应有"有景名"与"无景名"之别吧。事物本非千篇一律。没有景名的园景,说不定会更好地调动欣赏者的参与意识,促使其发挥更多的主体性,使园林景象具有不尽的意味。

在品赏园林的时候,应注意理解园林的景点与景点、景点与园林总体之间的联系。园林创造的是一系列复杂的游赏空间,特别是中国古典园林,其中不仅有坐观风光的楼台,也有边散步边赏景的小径;欣赏这样的园林,不可能像欣赏一幅山水画那样"不下堂筵",便可"坐穷泉壑"。而必须身临其境地去游去览、穿廊渡桥、攀假山、步曲径、循径而游、廊引人随,观赏一幅幅如画的风景。尽管这每幅风景、每处景点可以单独欣赏,但它们却都是作为园林整体的有机组成而存在的。系统论有一个著名论断:整体不等于各部分之和,而是要大于各部分之和。英国著名美学家赫伯特·里德(Herbert Read,1893~1968年)曾指出:"在一幅完美的艺术作品中,所有构成因素都是相互关联的;由这些因素组成的整体,要比其简单的总和更富有价值。"对于一座完整的园林来说,其整体的构思与布局总是制约着局部的景象和意义。整体固然是由局部组成的,但又不是局部简单相加的总和,而是包含了各个局部风景的有机组合所生发出来的新意。因此,在品赏园林时,很自然地会将对个别园景的感受联系起来,组合汇总在一起,而达到对园林美的较为完整的感受与理解。

5.2.3 悟

园林欣赏之"观",是以园林为主,整个心理活动表现为一种相对被动状态;园林欣赏之

63

"品"，以游客为主，整个心理活动表现为一种相对主动状态。园林欣赏达到"品"的阶段，对一般游客来说也就基本结束了，但还不是园林欣赏的最高境界。相对于前两个阶段的"观"和"品"，园林欣赏的第三个阶段可称之为"悟"。如果说园林欣赏中的"观"和"品"，是感知、是想像、是体验、是移情，是欣赏者神游于园林景象中达到物我同一的境地，那么，欣赏中的"悟"，则是理解、是思索、是领悟，是欣赏者从梦境般的园游中醒悟过来，而沉入一种回忆、一种探求，在品味、体验的基础上进行哲学思考，以获得对园林意义深层的理性把握。好比读书，首先要读进去，充分理解、欣赏、品味，然后还要读出来，使自己的思想提高、人格升华。

在欣赏园林过程中出现"悟"的阶段，亦是由园林艺术本身所决定的。园林虽然在很大程度上依存于自然，但归根结底还是人创造的，所以人的思想，特别是人对自然的态度便很自然地反映于园林样式上。园林与其他艺术一样均要反映人们的社会生活内容，表现造园者的哲学思想和人生哲理。也就是说，在优美的园林景色、深远的艺术境界的深处，还蕴藏着内在理性。理性的内涵可以通过欣赏者在对整个园林世界品味、体验基础上的哲学思考中而得到领悟。

在中国园林中，亭、台、楼、阁、门、窗等建筑小品在构成园林艺境时起着重要作用。计成在《园冶》中说"轩楹高爽，窗户虚邻，纳千顷之汪洋，收四时之烂熳"；初唐诗人宋之问在《灵隐寺》中也有两句诗"楼观沧海日，门对浙江潮"。这都表明，楼台阁的审美价值并不局限于这些建筑物本身，而在于通过这些建筑物，透过门窗，欣赏到外界无限空间中的自然景物。进而，拓展人的胸襟，抒发豪情与志向。范仲淹在《岳阳楼记》中，则从"春和景明""霪雨霏霏"的意境中，悟出"不以物喜，不以己悲"，进而升华出"先天下之忧而忧，后天下之乐而乐"的崇高人生观。中国园林就是这样小中见大，把外界大自然的景色引到游赏者面前，使游客从小空间进到大空间，突破有限，通向无限，从而对整个人生、历史、宇宙产生一种富有哲理性的感受和领悟，引导游赏者达到园林艺术所追求的最高境界。

以上，为了剖析园林欣赏过程，将其分为观、品、悟三个阶段。可在具体的欣赏活动中，三者的区别并不会这样明显，而也有可能是边观边品边悟，三者合一的。它们之间并无绝对的界限。古人说得好："操千曲而后晓声，观德剑而后识器"（刘勰《文心雕龙·知音》）。表明随着审美经验的积累，审美能力也会逐步提高，对于园林，人们只有在游览、欣赏的实践基础上，才能体会、把握其游赏过程和规律，获得更多的艺术享受。

园林欣赏的效果是园林与游人双向交会的结果。诚如前文所述；要获得满意的效果，园林本身的优劣是前提条件。但对于欣赏者来说，由于他在游赏过程中具有主体性作用，因此，欣赏者的文化素质和审美趣味在很大程度上影响着欣赏的效果。

优秀的园林，为什么能吸引无数游客？陈从周先生说得好，"风景洵美，固然是重要的原因，但还有个重要因素，即其中有文化，有历史。"对于这样一种富有文化内涵的艺术，需要游赏者本身调动各种文化知识和经验，将其与园林中的个别风景或整体构思相联系，才能较好地理解和把握园林的意味。如果欣赏不同民族、不同时代的园林艺术，就应当在历史主义的审美原则指导下，调动有关的民族知识和历史知识（包括社会制度、阶级关系、生活方式、自然环境、文化习俗、审美风尚等知识），把它们和特定的园林联系起来，以达到某种理解，这才有较为深入的审美效果。没有一定的文化素养，怎能领略园林的真趣？俗话说，"外行看热闹，内行看门道"。其实，"外行"到园林中来，也是很想看出点门道的。无奈这"门道"并非很容易把握，而需要靠园林欣赏实践的训练，需要不断积累园林审美的经验，提高园林艺术修养。从这方面来说，掌握必要的园林知识，甚至了解造园的过程和技巧，对提高自己的园林欣赏水平是大有帮助的。

在欣赏园林前,除了知识上的准备,还应有心理上、物质上的条件和充裕的时间。《徐霞客游记·旧序》中有这样一段叙述:"文人达士,多喜言游。游,未易也:无出尘之胸襟,不能赏会山水;无济胜之支体,不能搜剔幽秘;无闲旷之岁月,不能称心逍遥;近游不广;浅游不奇;便游不畅;群游不久;自非置身物外,弃绝百事,而孤行其意,虽游犹弗游也。"这里虽说的是旅游,游园又何尝不是如此? 游览风景园林、名胜古迹都不是一件轻而易举的事,没有良好的精神条件(出尘之胸襟)和身体条件(济胜之支体),要"赏会山水"、"搜剔幽秘",谈何容易? 而要"称心逍遥",尽情畅游,还必须有充裕的时间("闲旷之岁月")。可见,园林作为一个现实生活境域,作为时间和空间的艺术,游园欣赏是一种消耗体力、花费时间和精力的艺术活动。尤其是时间,对于园林欣赏活动来说尤为重要。一座园林不是一个简单的空间,更非一幅有限的图画,而是由许多造园要素共同构成的一个有机综合体。对于一个复杂园林的完全评价,不是片刻功夫或是走马观花就可以绝览无遗的,而需要建立在有充分的时间加以细细地品味的基础上。对园林整体来说,游客所赏玩体验的每个事物,都只是大量艺术体验中的一部分,园林美感对人类来说,是逐渐增长的。

园林多样化的景色,四时多变,朝夕不同,"良辰"方有"美景"。针对这一特点,游园时抓住时机,反复游赏,即使是同一园林,甚至是同一景点,均可产生变幻多端的意趣,获得无穷的美感。就拿扬州的瘦西湖公园来说,"烟花三月"固然是最好的游览季节,但在那"万里雪飘"的时候,看"红装素裹",岂是桃红柳绿的景象能代替得了的? 还有那夏日清晨看露珠荷花,秋日夜赏"面面清波涵月镜",又不是日丽风和时的景色所能代替的。"四桥烟雨"和"石壁流淙",更是雨天最好的风景。如不身临其境,是不能览其胜而有所得的。尤其是那些残山剩水,园亭一角,若无思古之幽情,就很难发现它们的奥秘,难免要生鸡肋之叹而至兴味索然,颓然而返。殊不知这许多大好河山,亭林胜迹,在你的眼皮底下,已悄然消失了。更何况扬州的园林,虽似半老徐娘,但其风韵犹存,若不能因时、因地制宜而游览,就只能与它谋一面之缘,而不能深入领略到它的风情。难怪"扬州八怪"之一的汪士慎,在游毕园诗中有"良时莫须掷,好句须频读"的感触,这是游览园林的精辟之言。所谓"良时"是指游赏此地、此园、此景最适宜的时刻。所谓"好句",是好的章句,这里系指好的园林景物。所谓"频读",对园林而言,就是要频频来游,而不是一游了之。"一鉴能为,千秋不朽"(《园冶》)。好的章句,常常能温故而知新;好的绘画,常常百看而不厌;好的园林,也常常会令人频游而不知其倦,虽景物如旧,却意境常新。

思考题:

1. 园林美的鉴赏者应具备哪些素质?
2. 园林欣赏过程有哪几个?
3. 以你所在地园林为例,谈谈欣赏所得。

5.3 园林单体美鉴赏

5.3.1 园林建筑美

恩格斯说:"希腊建筑表现了明朗和愉快的情绪,伊斯兰建筑——忧郁,哥特建筑——神圣的忘我;希腊建筑为灿烂的、阳光照耀的白昼,伊斯兰建筑为星光闪烁的黄昏,哥特建筑则是像红霞"。这段话,是对建筑艺术所作的恰如其分的美学评价和形象描绘。

我们看到了万里长城，就想到秦始皇统一中国，想到了中华民族的伟大气概、高度智慧和无穷力量；我们看到了以天安门为构图中心的国徽，就想到了中国现在不但是一个新型的人民当家作主的中华人民共和国，而且是一个有着悠久的历史、光荣的文化传统的国家。从这些联想中可知，建筑在一个国家一个民族中所起的巨大作用。俄罗斯作家果戈里有句名言："建筑是时代的纪念碑"。建筑师们也习惯于把得意之作誉为人工的纪念碑。建筑可以说是一个民族对整个人类文明贡献的标志。埃及的金字塔、巴比伦的观星台、印度的穿堵婆（佛塔）、希腊的雅典卫城，都在一定程度上反映了古代奴隶制社会的文明发展。

建立在中国传统文化基础之上的中国建筑艺术，按其自然的审美规律来塑造的各种艺术形象，有别于异域风情。中国的建筑风格，不是单体的出世造型，而是群体的入世序列；不是指向太空、高耸入云的宗教神秘，而是引向大地、平面铺开的人间世俗。就单体建筑来说，罗马的万神庙、巴黎的圣母院、伦敦的圣保罗教堂等，都是令人敬畏的。而北京的故宫、天坛、承德避暑山庄的建筑群，秦咸阳的阿房宫，以及汉、唐长安的群体建筑等，更多是气势雄浑、逶迤磅礴。

然而，我们研究的园林建筑，除了历史上留下的帝王宫苑中庞大的建筑群外，一般都是功能简明、体量小巧、造型别致、带有意境、富于特色，并讲究适得其所的精巧建筑物。有时亦常称其为"园林建筑小品"（古典园林中则不乏小品之外的"大品"建筑）。古往今来，宫苑私园，已创造出了诸多品类：亭台楼阁、廊榭桥梁、洞窗凳牌、栏杆铺地等，俯拾皆是。在我国园林艺术中，建筑小品尽管具有相对独立性，但就整体来说，它是服从造园的布局原则，寓自身于园林造景之中的。尽管如此，园林建筑小品又是形成完善的造园艺术不可或缺的组成要素，在园林中起着点缀、陪衬、换景、修景、补白等丰富造园空间和强化园林组景的辅助作用。一个成功的园林建筑小品，能够随机设景、不拘一格，使人为的、有限的空间赢得天然之趣。

5.3.1.1　亭

《释名》云："亭者，停也。所以停憩游行也。"可见亭子是供游人驻足歇憩之处。这样的建筑，历来选址精心，营造奇巧，十分讲究与自然的结合。例如，苍松蟠郁、构景山颠的山亭；板桥周折、安居水际的水亭；轻漪隔水、假濮河上的桥亭；通幽竹里、镜作前庭的岸亭等。它们都随势立基，按景造式，促成园林空间美妙的景组和丰富的轮廓线。

亭子的"造式无定"，"随意合宜则制"（《园冶》），正因如此，才产生出千姿百态、丰富多彩的亭的形式："三角、四角、五角、梅花、六角、横圭、八角、十字"（《园冶》）等式样，还有伞亭、圆亭、楼亭、重檐亭等，琳琅满目（见图5-1）。

图 5-1　亭

由于装修材料和技艺的革新，还出现了诸多用钢筋混凝土、塑料等材质制的各式亭子，别致而新颖。当然，在新工艺、新材料充斥世界的当今社会，出于逆反心理，园林中又出现了纯自然趣味的原木亭，粗糙而天然(连树皮都不刮掉)；还有那过去历史上曾经出现过的茅亭、草屋，也在个别园林中得到重现，既可触发思古幽情，亦是对野性、对人类过去的追忆。

　　亭的体形小巧，最适于点缀园林风景，也容易与各种复杂的地形、地貌相结合，与环境融为一体。例如，广州烈士陵园的三角亭，处于三角地带，布局协调；立于丛林之中，环境幽静。无锡梅园的松鹤亭，为钢筋混凝土结构，采用单檐方攒尖顶的传统形式，屋顶为钢板网抹灰，琉璃瓦屋面。台基用黄石砌筑，中空，既可提高亭的地面标高，供游人俯览园景，又可作白鹤笼舍。周围清溪萦绕，苍松环抱，给人以松、鹤、亭俱全的感觉，可谓名副其实。再如广州兰圃的春光亭，建于兰圃尽头的岛嘴上，三面环水，利用地形高低建成一下两层。其上为春光亭，匾题"蓝色结春光"，底层为春光亭下部，顶及亭栏分别塑成松皮及松干。整座钢筋混凝土结构，造型简洁，色泽鲜明，与周围景色溶成一片。《园冶》中说："花间隐榭，水际安亭，斯园林而得致者，惟榭只隐花间，亭胡拘水际，通泉竹里，按景山巅，或翠筠茂密之阿；苍松蟠郁之麓；或借濠濮之上，入想观鱼；倘支沧浪之中，非歌濯足。亭安有式，基立无凭。"可见，花间、水际、竹里、山巅、溪涧以及苍松翠竹的环境均可设亭，并无定式。只需满足停憩和造景功能，与环境和谐即可。由于追求与环境的统一，因此在不同的国家、不同地区、不同的环境条件和不同的习惯、传统下形成了各式各样的圆亭，如西欧式、美国式、日本式等。我国的亭就有南式、北式之分。南方气候温暖，屋面较轻，各部构件的用料也较纤细，亭的外形显得活泼、玲珑；北方气候寒冷，屋面较重构件的用料也相应粗壮，亭的外形也就显得端庄、稳重。就南北亭子共有的"屋起翘"来说，南北亦稍有差异，南式亭的屋角起翘较高、较陡，显得轻巧雅逸；北式亭的屋角起翘低而缓，显得舒展持重。南式亭的屋面多用小青瓦，色彩淡雅；北式亭则多用筒瓦，皇家苑囿中的亭还常用琉璃瓦，以显得高贵气派。扬州的亭，其外观介于南北之间，例如作为象征扬州标志的五亭桥，桥上五亭，四翼上盖有四亭，以廊相连；中亭为重檐，高出四亭，亭顶盖黄色琉璃瓦，灰瓦漏空脊，上端饰有吻兽。亭廊立柱均为朱红色。飞檐翘角，不失南方之秀；朱柱黄瓦，又备北式华丽。整个建筑，兼抒南北之长，堪称园林建筑史上独创的杰作。

5.3.1.2　台

　　或称眺台，供人登高望远之用。或置高地，或插池边，或与亭榭厅廊结合组景。若独立设置，往往精心选址，从而做到既有远景可眺，又有近景相衬。眺台虽属无片瓦之筑，但若设置得宜，亦可招睐游客。杭州西湖的"平湖秋月"便是临水设台，远眺西湖烟波，近观水中明月的杰作。若是利用山岩或岸石，趣作眺台，不但格调自然，而且更富山水意境，常获奇效。台，在历史上多典故传说，如：琴台、观星台、幽州台、严陵钓台等，留存至今的自然是文化底蕴丰厚。但因其形制简洁，倘若无明确的点景内涵，常不作突出处理，仅作为观景场所而已(见图 5-2)。

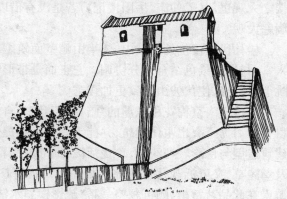

图 5-2　台

5.3.1.3　楼阁

　　重屋为楼，四敞为阁。在美丽的水光山

色、层阴郁林之中，楼阁往往"碍云霞而出没"，成为天然图画中富有生机的点睛之笔。且看杭州吴山顶上亭亭玉立的"茗香楼"，宛若妙龄女郎在俯首相招；岳阳市西门处巍然耸立着的"岳阳楼"，又似仪表清癯的长寿老人的揖手相迎……这些具有优美建筑造型的楼阁，不仅使游人心驰神往，使自然景色更具诗情画意，又可供游人登高览景，穷极自然妙趣(见图5-3)。

图5-3 楼

　　湖南洞庭湖畔的岳阳楼，矗立在岳阳市西门城墙上，是我国有名的江南三大楼阁之一，素有"洞庭天下水，岳阳天下楼"的盛誉。主楼平面呈长方形，纯木结构，重檐盔顶，四面环以明廊，腰檐设有平座，建筑精湛，气势雄伟。登岳阳楼，则巴陵胜状、洞庭美景，尽入眼帘："予观夫巴陵胜状，在洞庭一湖。衔远山，吞长江，浩浩荡荡，横无际涯，朝晖夕阴，气象万千。此则岳阳楼之大观也。"(范仲淹《岳阳楼记》)若是没有借以登高望远的岳阳楼，游客何以欣赏万千气象，洞庭大观？

　　桂林伏波楼位处伏波山，依半山峭壁而筑踞凌空，气势颇为险峻。该建筑素瓦粉墙，引石入室，与自然景色结合十分协调。它正面是带形窗、大眺台，景面十分开阔。俯视漓江奇景，平眺七星群峰，使伏波山景致更加俊秀。

　　坐落于南京梅花山东麓的"暗香阁"，结合自然环境区分主次高下，形成具有一定韵律的有机整体。为了突出主体建筑，并能为登高远眺提供条件，楼层的室外设置了宽敞的平台。整个建筑造型与色彩轻巧淡雅，玲珑活泼，细部装修雅朴大方。仁立平台，既可远眺紫金山天文台及孝陵墓，又可近观林木葱郁的梅花山。视野广阔、胸襟舒畅，犹如置身于大自然环抱之中。游人在此品茗赏梅，颇可领略一番"疏影横斜水清浅，暗香浮动月黄昏"的意境。北京颐和园佛香阁建于万寿山顶之上，全园内外很多角度都能看到，成为统帅全园的主景阁。它以铁梨木为

68

擎天柱,结构繁复,气势宏伟,艺术价值很高。前有八字形台阶直达台上,登上佛香阁,可饱览昆明湖上风光和周围景色,别具神韵。

5.3.1.4 榭

在古代园林里,榭的建造与周围景致密切地联系在一起,所谓"榭者,藉也。藉边景而成者也。"将榭设在水边、花丛,供人赏花、眺景之用。榭四面敞开,构造形式灵活多样,且常于廊、台相组合。居于池岸的水榭,往往与曲桥相连,遥望远亭,水天一色。例如上海西郊公园荷花池水榭,结合池岸原有地形高差,布置成高低两个空间。一作游廊,一为临水平台,空透而富于变化。置身榭中,令人有踩波赏荷之感。华南植物园水榭,一半濒水,另端倚陆。濒水眺台高低相错、横卧水面、视域畅阔、风光宜人。而广州越秀公园水榭则四面敞口,临水一边做白水磨石坐登式栏杆,室内外空间互相渗透,令人赏心悦目(见图5-4)。

图 5-4 榭

5.3.1.5 墙、窗

墙原本是防护性建筑,意在围与屏,标明边界,封闭视线。而园林中的墙是园林空间构图的一个重要因素,它具有分隔空间、组织导游、衬托景物、装饰美化或遮蔽视线的作用,具有造景的意义。古诗曰:"桃花嫣然出篱笑","短墙半露石榴红",写的就是因墙构成的景色。

园墙不仅参与园景构成,而且本身便是景的一种。如上海豫园中的"龙"墙,墙顶以瓦为鳞,模拟腾飞巨龙;苏州园林中多"云"墙,墙如行云,是运用曲线的流动感、不定感,来增加墙的"活力"。一条缓缓欲飞的"龙",一片飘飘流动的"云",怎不令人心驰神往?

园林中的墙还可与山石、竹丛、花池(坛)、花架、雕塑、灯具等组合独立成景。我国江南古典园林中的墙多是白粉墙。白粉墙面不仅能与灰黑色瓦顶、栗褐色门窗有着鲜明的色彩对比,而且能衬托出山石、竹木、藤萝的多姿多彩。在阳光照射下,墙面上水光树影变幻莫测,形成一幅幅美丽的画面。墙上又常设漏窗、空窗和洞门,形成虚实、明暗对比,使墙面的变化更加丰富多彩。

窗分漏窗、空窗。墙上的漏窗又名透花窗,可用以分隔景区,使空间似隔非隔,景物若隐若

69

现,富于层次。通过漏窗看到的各种对景可以使人目不暇接而又不致一览无遗,能收到虚中有实、实中有虚、隔而不断的艺术效果。漏窗本身的图案在不同的光线照射下,可产生各种富有变化的阴影,使平直呆板的墙面显得活泼生动。

园林的墙上还常有不装窗扇的窗孔,称空窗。空窗除能采光外,还常作为取景框,使游人在游览过程中不断地获得新的画面。空窗后常置石峰、竹丛、芭蕉之类,形成一幅幅小品图画。空窗还能使空间相互渗透,可产生增加景深、扩大空间的效果(见图5-5)。

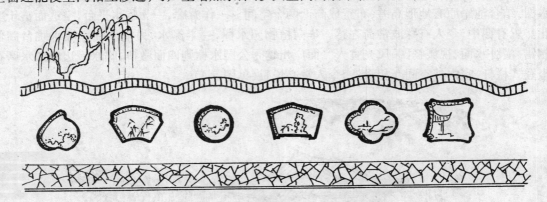

图5-5 墙与窗

园林是空间艺术。墙能盘山、能越水,穿插隔透,把一座囫囵完整的园林"化整为零",构成"园复一园,景复一景"。而分隔出来的庭院景色又各不相同,赏者一路游来,穿墙跨院,层层深入,所谓"山重水复疑无路,柳暗花明又一村"。以墙面隔园,所产生的增加景深、扩大空间的艺术效果是与窗子极为相似的。

西方国家的大教堂也有窗子。那些镶嵌着彩色玻璃的窗子,不是为了使人接触外面的自然界,而是为了渲染教堂内部的神秘气氛。古希腊人对庙宇四围的自然风景似乎还没有重视。他们多半把建筑本身孤立起来欣赏。而中华民族的美感特点就不同,中国人总要通过建筑物,通过门窗,接触外面的自然界。"窗含西岭千秋雪,门泊东吴万里船"。诗人从一个小房间通到千秋之雪、万里之船,也就是从一门一窗体会到无限的空间、时间。这样的诗句多得很。像"凿翠开户"、"山川俯绣户,日月近雕梁","檐飞宛溪水,窗落敬亭云","山翠万重当槛出,水光千里抱城来"都是小中见大的生动写照。外国的教堂无论多么雄伟,也总是有限的。但北京天坛的那个祭天的台,仰面正对的是一片虚空的苍穹,从中领略的却是没有边际的茫茫宇宙。中国古典园林中的建筑,无论是门窗墙榭,还是亭台楼阁,都是服从于扩大空间、延长时间(从而成为无限的审美时空),服从于创造无限的艺术意境的需要,有助于丰富游览者的美的感受。

5.3.1.6 桥

最初,桥当然是渡水之用,嵌入园林后,其形制与功能都发生了变化。造型多样,装饰精美。不仅可以自成一景,如颐和园十七孔桥、晋祠的鱼沼飞梁(十字桥),还能与其他建筑形式结合成廊桥、亭桥,如广西的风雨桥,造型丰富多彩,美不胜收。桥分水面,除现长虹卧波之美外,还可成为隔景、借景的手段。京城旧景银锭观山,便是从银锭桥上远眺西山峰影,别有韵味。至于枫桥、断桥、廿四桥等,因了诗文传说而闻名的桥,更是风姿绰约,文化底蕴十足,尽显独特的地方景致。

70

在当今的新颖设计中,桥更是被赋予了象征意义。一款别致的竹木小桥,一带曲折有致的卵石铺装,嵌在周围花木草坪之中,不需着点滴之水,便可尽得小桥流水之趣,妙不可言(见图5-6、图5-7)。

图 5-6　现代风格的桥

图 5-7　古典风格的桥

园林建筑还有许多其他式样,同样兼备着造景和实用双重功能。园林中的廊,除了能遮阳避雨供人休息外,其重要的功能就是组织园景的游览路线,同时还是划分空间的重要手段,它可使分散的单体建筑互相穿插、联系,组成造型丰富、空间层次多变的建筑群体(见图5-8)。园林中的花架,具有与廊相似的园林功能,点缀着园林风景。花架将植物生长与人们的游览、休息紧密地结合在一起,因而具有使人亲近自然的特点;若与廊及其他建筑物相结合,还可把植物引伸到室内,使建筑与自然环境融合在一起。

图 5-8　廊

由于园林建筑具有扩大空间、构成意境的审美价值,游人才得以通过游园、通过欣赏建筑,在细品漫游中感受自然的脉动,穷极宇宙的奥秘,领悟人生的哲理,获得巨大的艺术感染和审美享受。

5.3.2 假山叠石美

西方园林重雕塑,中国园林嗜假山。每当我们游览中国园林,总会被各式各样的假山石峰所吸引。无论是南园、北园、大园、小园,几乎是凡有园林,必有山石。可见假山叠石在我国园林、尤其是古典园林艺术中的地位是十分突出的,它是中国园林中最富表现力和最有特点的艺术形象,是中国园林的一大创造。

在中国辽阔的土地上,有众多的名山,这是造园家取之不尽、用之不竭的灵感源泉。中国也是盛产石材的国家,造园家利用不同形式、色彩、纹理、质感的天然石材,在园林中塑造成具有峰、岩、壑、洞和风格各异的假山,再加上恰当的植物配置,增添了园林的山野趣味,唤起人们对崇山峻岭的联想,使人仿佛置身于大自然的群山中,正因为如此,我国历史上的城市园林又有"城市山林"的别称。这与山水画"咫尺山林"的理论相仿,是艺术地再现美妙的大自然。

既然是艺术的再现,园林艺术中的假山叠石就决非自然的翻版。它不仅师法自然,而且还凝聚着造园家的艺术创造。因此《园冶》中有"片山有致,寸石生情"之说;园林中的山石除兼备自然山石的形态、纹理、质地外,还有传情的作用。清朝的朱若极有一段论述山水画的著述:"山川使予代山川而言也,山川脱胎于予也,予脱胎于山川也。"说明了"师法造化"、"搜尽奇峰打草稿"的道理。但是,画家进一步指出了山水画的更深一步的境界,即是"山川与予神遇而迹化也",可见画家追求的是"神似",而不是停留在"形似"的水平上,这虽是画理,但也可表明园林艺术创作中"假山——造园者——真山"之间的关系。造园者往往是借山石来抒发某种情感,表述某种思想。例如,传说为石涛手迹的扬州个园中的"春、夏、秋、冬"四季假山,恰好表达了画论中"春山澹冶而如笑,夏山苍翠而如滴,秋山明净而如妆,冬山惨淡而如睡"(《林泉高·山水训》)的艺境,这不能说是一种偶然的巧合,而是国画和造园这两种共同诞生于华夏土地上的传统艺术的共性。

当然,在多数情况下,人们对于山石的欣赏主要还是限于它的形式美。那么,假山叠石的形式美有哪些审美特征呢?关于这个问题,李渔曾有过精辟的论述:"言山石之美者,俱在透、漏、瘦三字。此通于彼,彼通于此,若有道路可行,所谓透、瘦二字在在宜然,漏则不应太甚。若处处有眼,则似窑内烧成之瓦器,有尺寸限在其中,一隙不容偶闭者矣。塞极而通,偶然一见,始与石性相符。"宋代的山水画家米芾,见一奇丑无比的巨石,欣喜若狂,连忙具衣冠而拜,呼为石兄。这则趣事告诉我们,石峰之美,正在于它的丑。前人在对园林石峰的审美评价时,曾用"透、瘦、绉、漏、清、丑、顽、拙"八个字来概括。且不说"清、丑、顽、拙"是丑的,就是"透、瘦、绉、漏"也是丑的,自然物的美与丑是相对的,石之美丑也是如此,在园林中的石峰,由于其目的不在供人实用,而在供人观赏。因而人们不仅不把它们作简单地比拟,而是按照各自的石性,作艺术的造型,以表现人的情趣。这样,表现的丑,就转化而为美了。在这里,"透"显出玲珑多孔,耳聪目明的意态;"瘦"显示棱角分明,不屈不阿的风骨;"绉"呈现起伏多变,丰姿绰约的情韵;"漏"透露关窍相连,血脉畅通的活力。而其清者,阴柔,顽者,阳壮;丑者,奇突;拙者,浑朴。无不表现出独特的审美意境。杭州花圃掇景园内的"绉云峰",石峰高 2.6 米,狭腰处仅 0.4 米,石身褶皱,"形同云立,纹比波摇",体态秀润,天趣宛然,堪称假山石中的极品,"玉玲珑"在上海豫园,石高 4 米许,重 5 吨多,姿态婀娜,玲珑剔透。其上有 72 个孔穴,据说有人曾在石下点燃香火,青烟萦绕穿孔,一孔不少,可谓漏、透矣。而苏州留园内的"冠云峰",一峰就兼备"透、漏、瘦、绉"四大特点,风姿绰约,清秀挺拔,确为园林山石之冠。这些使人百看不厌的江南

72

名峰,它们不仅具有一般的形式美,而且还渗透着人的智慧、技艺和理想。

纵观诸园名石,拙也好,丑也罢,反映在人的审美情趣上,都离不开一个"奇"字。当今赏石收藏热中所追捧的仍是"奇特"。一方瘦、漏、透的湖石,远比那浑圆灰白的卵石,或棱角粗糙的山岩,更能体现造化的鬼斧神工。所谓浑然天成,却宛若人工雕画为之,又怎能不令人惊奇、赞赏呢?因此,自古至今,都在尽心搜觅,网罗异石,列于园中、案头,品赏把玩。从某种程度上说,奇石之好,是满足了人们崇尚大自然的神奇伟力的审美需求。

园林中的假山叠石以其丰富的艺术感染力而常被用来作为主体景象,甚至全园就是一个山景,扬州个园的四季假山以及片石山房假山都是这方面的著名例子。苏州环秀山庄亦是山景园的典型杰作,园以山景为主,以水池为辅,因山而成名。此园为清乾隆、嘉庆间叠山名家戈裕良所筑,在苏州湖石假山中此处当推第一,素有"独步江南"、"天然画本"、"尺幅千里"之誉。假山形态逼真,结构精致,分主、次山,一湾池水索绕山峰之下,使山景增色不少。主山由主峰和卫立在周围的三个次峰构成,雄伟峭拔,有主有从,层次分明。整个山体由东向西奔往,至池边忽然断为悬崖峭壁,气势磅礴,蔚为壮观。山洞穹顶有大小石块钩带联络而成,几乎不露斧痕,自然又坚实,在细部叠无数涡洞和皱纹,一石一峰,交代妥贴,能远看也耐细赏。此山占地不及半亩,却辟有60余米窈窕曲折、高低盘回的山径,有峭壁、洞壑、涧谷、危道、悬崖、石室等境界,有山重水复、移步换景之妙。次山在园中西北隅,山石嶙峋,与主山相隔一泓水池,互为对景,是渲染真山幽谷气氛之点睛。园中青松如盖、花木扶疏,衬托出山林深邃之意。

山石景象不仅可供观赏,在园林艺术结构方面,假山叠石还可以分隔空间,增加景象层次,用以隐蔽园墙,含蓄景深,使景象产生不尽之意;在面积有限的园林中,山、石使游览路线立体化——变平面为三度迂回的路线,不但丰富游览程序,翻山越岭,寻谷探幽,增加情趣,并且延长游览路线和游览时间,从而起到拓展艺术时空的作用,丰富了游人的美感。

值得指出的是,欣赏园林山石不是一件易事。山石的美是一种含蓄而抽象的美,在这方面,它与当今西方的抽象雕塑极为相似。须观其形、领其神、悟其美。它等待着欣赏者情之所寓,它需要人们调动起各自的情感和激发起深层的联想。园林中假山叠石的美,等待着人们去发现、去创造。

5.3.3 园林水体美

在地球上,水的面积占十分之七。它源于山谷,流经江河,汇入湖海,是大自然中最壮观最活泼的因素。水,在人类的生活环境中真是须臾不能离。自古以来,城镇建筑依水系而发展,商业贸易随水系而繁荣;而随着人类文明的发展,水也从单纯的物质功能状态逐步发展成为兼具艺术功能的水景,出现了各式各样的水景创作,从而成为园林艺术的一个组成部分。园林中那千姿百态的水,其风韵、气势,其发出的声音,给人以美的享受,引起人们无穷的遐想。

以大水面包围建筑物,是园林中构成水景开敞空间的常用手法,"气蒸云梦泽,波撼岳阳城",浩渺的洞庭湖水衬托出岳阳楼的宏伟气势。大水面使人的视野为之开阔,登楼远望,水面上阴晴雨雾的变化可激发出观赏者的各种想像。历来就有许多观赏亭、望海楼及园林中的临水建筑为人所喜爱,西湖的"平湖秋月"、"三潭印月",嘉兴、承德的烟雨楼……都以大水面环抱建筑并以水景而得名。在如此大型的水景中,极目远眺,水天一色,上下相连,表现出展伸空间的意趣。

园林中的大型水体固然可以产生浩渺的空间情趣,但是我国古典园林,尤其是江南私家园林中水面往往不能过大,因此,"小中见大"、"以少胜多",同样也是中国古典园林中理水的艺术手法。苏州网师园仅 400 平方米的水面即造成湖水荡漾的效果，无锡寄畅园利用杯水细流创作了"八间涧"。以不大的水面和水量表现湖泊、溪流等，同样可以使"山得水而活"，增添园林生趣。

水有动静之分。园林"静水"一平如镜、碧澄明澈，与周围亭阁廊榭、山石花木等富有节奏感的体形相对比，是园中的一个休止空间，蓝天白云、绿树红花，水面倒影幻若鲛宫，虚幻的空间启人遐思。而溪注泻涧的"动水"，散出欢快的水声，"声渲乱石中"，当能给人另一种轻松、愉快的感觉。杭州园林胜景中有"水乐洞"、"虎跑泉"，苏州留园水涧的泉石激韵，无锡寄畅园的"八音涧"等，就是以利用水流那种和谐的声音变化，带给人们欢乐的情绪而得名。至于庭园泉瀑的水声，热烈而奔腾，扣人心弦。狮子林的瀑布，水流注入湖池，使园林空间增添激情。福州鼓山"水流击钟"，引山泉水转动木器击钟，水声钟声交织一起，幽雅传神，带出空间的音乐感。"滴水传声"，园林中的水声陪衬出幽静的环境，激发人们的联想，增添空间的意境，给人以音乐美的享受。

中国园林以素淡著称，力求色调清雅自然。万物之色，水色归为淡雅。"素入镜中飞练，青来郭外环屏"（《园冶》），形象地点出瀑布落入湖面的清淡，远山青影入湖的沉郁。当然，水景又是极富变化的因素。宽阔的水面反映着天光云影，也映衬着周围景物的变化。一片漂浮着绿萍风荷的池塘，随四时变换不同的色调，增添了不同的情趣。若水景配以彩色灯光，形成五彩缤纷的水色变化，恍若神仙幻景。

园林水景还是沟通内外空间、丰富空间层次的直接媒介。在我国园林、尤其是江南园林中，常可见到曲水穿墙，在水上叠石涵洞的水面造景手法，从而唤起人们对水流穿越的动态联想，去追溯那不尽的源头……

5.3.4 花草树木美

作为园林三要素之一的花草树木，是园林空间的弹性部分，是极富变化的动景，它丰富了园景的色彩和层次，增添了园林的生机和野趣，以其独特的个性和众多效用，参与园林艺术境界的形成。

我国的古典园林在世界造园史上独树一帜，取得了十分辉煌的成就，其中很重要的一个原因就在于它的名花古木。从现存的一些古典园林中，也可以看出花木在其中所处的地位和作用，园林中有许多景观的形成都与花木有着直接或间接的联系。例如承德离宫中的"万壑松风"、"青枫绿屿"、"梨花伴月"、"曲水荷香"等，都是以花木作为景观的主题而命名的。江南园林也不例外，例如拙政园中的枇杷园、远香堂、玉兰堂、海堂春坞、留听阁、听雨轩等，其命题也都与花木有联系，它们有的直接以观赏花木为主题，有的则是借花木而间接地抒发某种意境和情趣。

在园林艺术中，植物不但是"绿化"的材料，而且也是万紫千红的渲染手段。描写大自然的园林景象，要求它同大自然一样具备四季的变化，表现季相的更替，正是植物所特有的作用。江南有四时不谢之花，它们分别显示着不同的时节；树木更是季相鲜明，花果树木春华秋实，仲夏则绿叶成荫，子满枝，季相更替不已；一般落叶树的形、色，也随季节而变化，春发嫩绿，夏被浓荫，秋叶胜似春花，冬季则有枯木寒林的画意。由花木的开谢与时令的变化所形成的园林景观之丰富，是其他造园材料所望尘莫及的。

花木的姿态也参与园林视觉景观的形成。陈从周教授在《说园》中曾将"花木重姿态"与"音乐重旋律、书画重笔意"相并列，认为重视花木的姿态是我们民族在欣赏园林花木上的一大特色。事实也正如此，梅"以曲为美，直则无姿；以欹为美，正则无景；以疏为美，密则无态"，单株能充分发挥和强调其自然特性，显得大巧若拙。"轻盈袅袅占年华，舞榭妆台处处遮"，微风拂来，垂柳依依。线条的艺术是中华民族诸艺术之源，树木本身就是自然的线条，或柔和或幼拙，有如虬枝曲干之类。枝条横施、疏斜、潇洒有致的品种，从动的线条中可以体会到中国画和传统文学意到笔不到之感，含蓄而求之余味。这一点，在盆景艺术中体现得尤为突出，桩景造型已经发展成具有传统模式的枝干造型体系，无论单干、双干，还是南北风格，苍干虬枝、铁画银勾，皆入画理，集中表现了中华民族重视线条的艺术审美意向。

当然，中国古典园林不单是一种视觉艺术，而且还涉及到听觉、嗅觉等。此外，春、夏、秋、冬等时令变化，雨、雪、阴、晴等气候变化都会改变空间的意境，并深深地影响到人的感受，而这些因素往往又都是借花木为媒介而间接发挥作用的。声的方面，风雨本无声，只是风吹他物、雨击地面才产生声响；园林中利用植物与风、雨的巧妙配合就更能生动地表现风雨的声响魅力。例如，苏州拙政园的"留听阁"可领略李商隐"留得残荷听雨声"之情，也体现了荷叶的"听雨"功能；"听雨轩"取"雨打芭蕉淅沥沥"之意，亦是借雨打芭蕉而产生的声响效果来渲染雨景气氛的。借风声也能产生某种意境，例如承德避暑山庄的"万壑松风"建筑群，就是借风掠松林而发出的涛声得名的，扶疏万竿、引风弹琴——竹林的妙用，也在于听风；移竹当窗，又可借听潇湘夜雨。借植物表现风声、雨声，已成为我国古典园林艺术中的典型设计了。

香味，使人倍感身心爽朗，将香花用于园林造景，更可以悦性怡情，倍增游兴。例如苏州留园的"闻木樨香"景点，因其遍植"一秋三度送天香"的桂花（苏州人称桂花为木樨），开花时节香气袭人，意境十分优雅。拙政园中的"远香益清"（远香堂）景点，每当夏日，微风轻拂，吹来阵阵荷香，清香满堂。各地园林中的"香雪海"、"远香溢情"等景观往往是欣赏梅花，体验林和靖"暗香浮动月黄昏"的意境。花香有不同的类型，不同的香型所带来的美感也是有别的，例如，梅花的清香、桂花的甜香、含笑的浓香，以及别具一格的玫瑰花香、松针的香味等。清香可怡情，浓香则醉人，桂花的甜香或许能引起你深沉而甜蜜的回忆……

光与影，不同的光线产生不同的效果。园林中经常利用自然光线产生的明暗对比、光影对比，配之以空间的收、放，渲染环境气氛。花木的树冠由于枝叶浓密不一，地上的投影便是斑驳陆离，产生特殊的光影效果。如苏州留园的"古木交柯"，花木随着日照投映于白墙上，落影斑驳，形成优美的动景。由唐诗"坐对当窗木，看移三面阴"所作的构思，可知是传统手法了。融融月色之下，摇曳的树影给人一种神奇蕴秘的感觉。

利用花木的这些自然属性，造园者们创造出了独特的意境。以运用十分广泛的竹为例，植于园中，则"日出有清荫，月照有清影，风来有清声，雨来有清韵，露凝有清光，雪停有清趣"，突出了一个"清"的美感，很是高雅。

由此可见，花草树木以其姿态（整体造型及根、干、叶、花、果的表现）、色彩、气味，在我国造园艺术中发挥着独特的景象结构作用。曾有人将植物的园林艺术功能作过如下概括：

隐蔽园墙，拓展空间；笼罩景象，成荫投影；分隔联系，含蓄景深；

装点山水，衬托建筑；陈列鉴赏，景象点题；渲染色彩，突出季相；

表现风雨，借听天籁；散布芬芳，招蜂引蝶；根叶花果，四时清供。

简洁明了地说明了花木在造园中的作用。

上面所说的都是花卉自然属性的美——纯自然美，亦即美学家所称的第一层次的自然美。我们在欣赏花卉的时候，常常会进行移情联想，将花卉情感化、性格化，从而在获得花卉自然属性的美的同时,还可欣赏到人"外射"到花卉身上的主观情感——自然意态之美,或说:"人化的自然",有的美学家将其看作第二层次的自然美,亦即通常所讲的"风韵美"。风韵美是花卉各种自然属性美的凝聚和升华,它体现了花卉的风格、神态和气质,比起花卉纯自然的美,更具美学意义。赏花者只有欣赏到这一风韵美,才算真正感受到了花卉之美。因此,自古以来,在千姿百态的花木上,人们赋予了各种情感。清代,甚至还提出了十二花神,以十二位历史或传说人物,作花神主管各月名花,直接将花意与人品相连。而传统的四君子更是历代美文常论的。"梅,剪雪裁冰、一身傲骨;兰,空谷幽香、孤芳自赏;竹,筛风弄月、潇洒一生;菊,凌霜自得、不趋炎热。合而观之,有一共同点,都是清华其外,淡泊其中,不作媚世之态"。(梁实秋《四君子》)于是梅、兰、竹、菊常以"四君子"形象整体入画;在冰天雪地的严冬,自然界里许多生物销声匿迹,唯有松、竹、梅傲霜迎雪,屹然挺立,因此古人称之为"岁寒三友",推崇其顽强的性格和斗争精神。这"四君子"、"岁寒三友",不光是绘画的常用题材,在中国园林艺术中,亦常如此搭配,缀以山石,作画题式配置。此外,还有荷花的"出污泥而不染",水仙冰肌玉骨,牡丹国色天香,丹桂飘香月窟,芙蓉冷艳寒江,红豆相思,紫薇和睦,等等。不同的花有不同的神采,而因花撩起的缕缕情思,又使景物进入了诗画的境界。这样在赏花时,把外形与气质结合起来,突出了花的神态、风韵,大大增强了它的艺术魅力。

必须指出的是,人们在欣赏花卉时历来就普遍存在着一种特殊的倾向——对花卉进行审美时往往存有审美习惯。宋代周敦颐在《爱莲说》中写道:"水陆草木之花,可爱者甚蕃。晋陶渊明独爱菊,自李唐来,世人甚爱牡丹。予独爱莲之出淤泥而不染。"这是人们对花所表现出来的不同欣赏习惯,好似上海人喜欢沪剧,广东人喜爱粤剧,而北京人习惯于欣赏京剧一样。

不同民族具有的花卉审美习惯亦有所不同。如西方人士讲究花朵硕大,色彩丰富而鲜艳,因而特别喜欢月季,而对风韵至上的梅花不感兴趣;我国文人逸士对花木的欣赏则往往重姿态,讲风韵。对梅花的喜爱,使它在我国人民评选的十大名花中名列前茅。就菊花而言,我们爱好花型上称卷抱、追抱、折抱、垂抱等类型中潇洒飘逸的品种,如"十丈珠帘"、"嫦娥奔月"等,而西方人士则爱好花型整齐似圆球的品种。反映在园林花木配置上,西方园林往往繁花似锦,色彩绚丽;而我国和日本的传统园林则崇尚水墨画的意匠,对色彩的运用不如西方强烈。

这种审美习惯心理在花卉欣赏上占有重要地位。我国历代文人,特别是宋以后,常把花卉人格化后所赋予的某种象征固定起来;以致不少爱花者仍偏嗜传统的某种或某些花卉种类,使我国极其丰富的花卉资源得不到开发利用。时代总要前进,审美习惯也会不断更新,随着人们旧的文化观念的改变,赏花者肯定会去注意并钟情于新的花卉种类。诚然,对于一个具体的园林来说,花木的选择则不应"多多益善",因为毕竟不是植物园,选择的花种应当最能表达设计意匠,要能够入画入园。

5.3.5　天时景象美

风、云、雨、雾、日、月、虹、霞……,还有那季相更替、物候变换,这些天时景象,虽不如山水花草、亭台楼阁那样有固定空间凭你欣赏,然而园林艺术正是由于这不断变幻的天时的渲染,才得到意境的深化而致趣味无穷,给游客以更深的艺术感受。这一点,那些钟情于山水的古人早已为我们记下了切身体味:"真山水之云气,四时不同:春融怡,夏蓊郁,秋疏薄,冬黯淡。……真山水之烟岚,四时不同:春山澹冶而如笑,夏山苍翠而如滴,秋山明净而如妆,冬山惨淡而如睡。"(宋·郭熙、郭思《林泉高致·山水训》)。

当然，这里讲的是山水画的艺术元素，但却是自然之理。就生活是艺术的源泉来说，这山水的自然之理当然也是园林艺术创作的生活原型。云气、烟岚，在园林艺术中比之在画面上可以得到更为具体、生动、真实的表现。若是通过构思将真山水之云气、烟岚因借到园林构图中来，这景象又岂是画中的山水所能描摹的？有鉴于此，我们在欣赏园林山水烟云时可获得更为丰富的感受："山春夏如此，秋冬看又如此，所谓四时之景不同也。山朝看如此，暮看又如此，明晴看又如此，所谓朝暮之变态不同也。如此是一山而兼数百山之意态，可得不究乎？"（《林泉高致·山水训》）。

烟云之山，确实令人神往。有时白云从山岙冉冉升起，"千岩万壑生紫烟"，"山在虚无缥缈间"；有时，薄云又从山腰间飘忽而过，长长的云带缠绕在高峰的腰间，仿佛给群山系上了一条玉带；有时雾幕降临，又恰似蒙上了一层淡淡面纱；一旦旭日临空，云消雾散，青松峦石，庄严挺立，神采依然。雾中神山，是否似披挂了轻纱的美人，撩拨你的魂魄，使你迷醉遐想？——这就是云、雾的魅力！

烟山如此，雨湖烟水亦绝不逊色。"水光潋滟晴方好，山色空蒙雨亦奇；欲把西湖比西子，淡妆浓抹总相宜"。（苏轼《饮湖上初晴后雨》）疏雨薄雾，将风光如画的西子湖抹上了一笔神奇迷人的色彩。微风细雨中漫游南京玄武湖，驻足梁洲，透过薄薄的雨帘，隐约可见的菱洲，时隐时现的钟山，正所谓"朦胧美"的表现。而杭州西湖，更是有"阴湖不如晴湖，晴湖不如雨湖，雨湖不如烟雨"的烟、雨湖景。而扬州的瘦西湖就有一个"四桥烟雨"的景观。为了恢复廿四桥景中的这一景点，1958 年，面西直对莲花桥，建"四桥烟雨楼"一座。登楼远瞩，南为虹桥，北为长春桥，西为玉版桥，再西为莲花桥（五亭桥）。桥桥形态殊异，色调各别，每当朝烟暮霭之际，烟水空蒙，四桥如彩虹蜿蜒出没波间，极尽水云缥缈之趣。"四桥烟雨"妙在可三面借景，建楼的位置，可谓湖上借景的最佳点。除"四桥"在望外，林木荟蔚，层轩曲槛，花墙榭廊，均在烟云掩映、波光水影中时隐时现，美妙奇幻之至。

再来审视一下日月霞光，一日之中，由早晨到晌午到黄昏，再到夜晚，日照、云辉、星光、月色，如同舞台灯光一样，不断变幻地投射到景象上。只拿日间来说，就有光天化日、朝晖晚霞等不同光谱的光线。这些光线交替地投射到景象上，就使景象的明暗、色调也随之有所变化，渲染出不同的景象效果。仍举扬州个园秋山的例子，夕阳余辉之下的枫叶黄石更能表现出金碧辉煌的秋意。杭州西湖十景之一的"雷峰夕照"，旧时夕阳西下，霞光塔影，景色动人，故有"雷峰夕照"胜景。清许承祖有诗曰："黄妃古塔势穿窿，苍翠藤萝兀倚空。奇景那知缘劫火，孤峰斜映夕阳红。"西湖十景的另一景点"南屏晚钟"，唐、宋时杭州南屏山麓西湖南之净慈寺内，有一铜钟，每到傍晚，寺僧撞钟，钟声在苍烟暮霭的西湖群山回荡，悠扬动听，借钟声、夕阳，创造出了"塔影圆明清净地，钟声响彻夕阳天"的意境。

月色和日光笼罩下的景物本无差别，然而园林中的月色世界与日光世界却是迥然不同的两重天地。如果把日光喻为炽热、响亮的大鼓之声，令人昂奋、进取；那么，月色就如鸣烟、悠扬的洞箫之音，令人沉思、反省。日光映照出万物纷华的形色和个别的表象，人们在日光下对于身处周围的状况，无一不是以实在的意识来确证它们的存在，因而物、我是对立的；月色包裹天地间的一切物象，使之齐现共同、纯净的色相，这一色相是幽暗静谧、似真而幻的，人们置身其间必然产生梦境一般幽远的瞑想，一直透入到人的精神的深髓，超象虚灵，澄怀观道，通过妙悟宇宙万籁的蕴秘和深邃，达到无物无我、物我交融的境界。朱自清先生一篇《荷塘月色》，算是将月色的美感写绝了。月色的妙处，如此动人心魄，不光文人爱写，画家爱画，园林艺术亦常借此表面幽远的艺术境界。

杭州西湖十景之一的"平湖秋月"是赏月的好去处。"平湖秋月"西湖白堤西端，三面临湖，四周曲栏画槛，直挹波际，面对外湖最开阔处。每当秋高气爽，皓月当空，湖平如镜，银光如泻，在此观月最佳。"万顷湖平长似镜，四时月好最宜秋"的楹联，是平湖秋月的真实写照。"三潭印月"也是以月得景的西湖十景之一。三潭印月石塔，在杭州西湖小瀛洲"我心相印"亭前湖中，塔身中空，周有五个圆孔，每当皓月当空，塔内点烛，洞口蒙以薄纸，灯光从中透出，宛如一个个小月亮，与天空倒映湖中的明月相映，景色幽美。昔人有诗云："青山如髻月华浓，塔影浮沉映水空。只恐清风生两腋，夜深飞入蕊珠宫。"再如作为旧时洛阳八景之一的"天津晓月"（洛河上的天津桥），展现了清晨晓钟、残月、晨雾中的神仙境界，白居易曾有诗如此描写："上阳宫里晓钟后，天津桥头残月前。空阔境疑非下界，飘摇身似在寥天。星河掩映初生日，楼阁葱茏半出烟。此处相逢倾一盏，始知地上有神仙。"清晨残月居然也可参与形成园林艺境。

"天下三分明月夜，二分无赖是扬州"，扬州似乎亦以"明月"同名了。扬州瘦西湖的"月观"，倒也确实是游人赏月佳处，月观三楹，临水而筑。明间老檐枋上悬"月观"横匾，上有长跋。旧有一联："今月古月，皓魄一轮，把酒问青天，好悟沧桑小劫；长桥短桥，画栏六曲，移舟泊烟渚，可堪风柳多情。"此联有境有情，引人入胜。现在的楹联为"月来满地水；云起一天山"。虽属喻意，一经点引，情趣万千。每当皓月东升，烟波淡荡，水中月动星移，天空流云行月之际，这里的一切就像蒙上一层洁白的薄绡，缥缈、恬静、神秘。此时此刻最易使人动情，今月古月曾引起多少清高意雅之士的万缕情思。单是瘦西湖亭桥下那15个孔能映出15个月亮的优美传说，就令人神往。

在幽美的园林山水中，风也是一种增添诗意的自然现象。但风是无形的，无形之风必须借有形之物，才能产生风飘摇动之意并为人感知。所谓"状风于树"，"风景于树叶偏斜以写风势"是也。"春风袅娜"，即是通过风吹杨柳表现出来的"轻风吹皱一池春水"，不也是借风而表现出来的感人意境吗？"晓风杨柳"、"夜雨芭蕉"、"扶疏万竿，引风弹琴"……凡此种种，都是借植物表现的天籁美景。

"踏雪寻梅"，则是又一个饶有风致的园林美景。"雪里红梅"固然可以产生强烈的色彩效果，但雪的价值重要的是衬托出了红梅不怕霜雪、不畏严寒的铮铮铁骨，雪景是别有风韵的。作为杭州西湖十景之一的"断桥残雪"固然是因民间故事《白蛇传》曾将断桥作为白娘子和许仙相会之地而出名，但雪景烘托了景点的气氛，每当冬末春初，积雪未消，桥的阳面冰雪消融，阴面却是铺琼砌玉，很切合碑亭"断桥残雪"的主题。再就扬州瘦西湖来说"烟花三月"固然是极佳的游览季节，但当"万里雪飘"之后，那"红装素裹"景象却是"桃红柳绿"所能代替得了的么？正因为雪的奇特功能，扬州个园的冬山才状雪于石，借雪石来成功地创造了白雪覆地的冬景。

春夏秋冬四时季相，在景象上更有直接表现，植物的春华秋实周而复始，尤其是它的四时不谢之花，各自表明着不同的季节，连树叶也随四时而更改其形色。还有候鸟、昆虫应时地来去显隐……上述诸多的天然天时景象更替变幻，加入到园林景象的行列中去，使园林艺术的自然情调更加浓郁，意境更具天然的沁人肺腑的清新、质朴、纯真的美感。

由上可见，天时景象参与园林艺术，给游客带来了不尽美景。但天时的作用不局限于此，它还可影响游人的情绪，左右游人的精神体验。"若夫霪雨霏霏，连月不开，阴风怒号，浊浪排空；日星隐耀，山岳潜形，商旅不行，樯倾楫摧，薄暮冥冥，虎啸猿啼。登斯楼也，则有去国怀乡，忧谗畏讥,满目萧然,感极而悲者矣。

至若春和景明,波澜不惊,上下天光,一碧万顷;沙鸥翔集,锦鳞游泳;岸芷汀兰,郁郁青青而或长烟一空,皓月千里,浮光跃金,静影沉璧,渔歌互答,此乐何极! 登斯楼也,则有心旷神怡,宠辱皆忘,把酒临风,其喜洋洋者矣。"(《岳阳楼记》)

感极而悲者,正是这种万千气象所致;乐极而喜者,亦是这种万千气象所诱。不同的天象,其审美心境竟有天壤之别!

5.3.6 园林食品美

在"花草树木美"一节里,曾经提到园林植物具有"根叶花时,四时清供"的作用,此项常常被人们所忽略,然而却是相当重要的园林功能。

诚然,园林重在观赏,但园林的美并不只是视觉的美,其审美享受是通过人体诸感官综合接受的。置身于园林中,所以使人感到心旷神怡者,不只是因为景象的优美,同样重要的在于景象环境的舒适,即所谓景象宜人。如果在一座园林游览,疲惫而无以坐卧,饥渴而无以进食,则景象再美也是无心去欣赏的。这一点,古今园林是相同的。有人对于现代公园、风景区、游乐园的旅游活动,总结出六个字的要求——行、游、住、食、购、娱,这里要说的是饮食。

具备园林特色的饮食,主要是与自然趣味相关、与时令相应的,它主要是植物所提供的。古代的私家园林,是可供生活起居的空间,要求兼有供应饮食的职能。追慕田园隐居的园主,面对秀色可餐的花、果,自然要仿效田园生活之应时品尝瓜果梨桃等类干、鲜果品进而采用一些植物的根、茎、叶、花、果制作各式园居点心和饮料,诸如各种果脯、果酱、果汁、果酒以及藤萝饼、桂花糕、莲子羹、桔子露、酸梅汤、菊花饮、秋梨膏、藕粉、柿饼等等。《花镜》"花园自供"所列"百花酿"——采集园林植物自酿的果酒、药酒,就有 28 种之多。而且述及"市酝村醪,岂宜名胜? 况园中自有芳香,皆堪采酿;既具百般美貌,何难一,免杜康。"采摘、品尝美果嘉实,是园居生活的一种乐趣;酿制花果食品,是又一番田园风土情趣的活动,这都是有益于身心健康的。园林植物的这一功能,在精神方面所起的作用,往往是大于物质方面的。

正是有鉴于此,南京的梅花山才作出了成功的尝试。梅花山是我国著名的赏梅胜地,整个花山栽植的 40 多个品种近 5000 株梅树,每年除早春作为探梅佳处外,初夏时节还可采收 3～4 吨左右的梅果。中山陵园酒厂又将其加工成"青梅露酒"、"青梅饮料"等各种梅味加工品。这不仅为风景区增加了不少经济收益,也为来此观光的中外游客增添了雅兴。试看游客们在赏梅之际,或在暗香阁雅座举杯畅饮,或在梅花树下吟咏醉歌,这些颇具特色、饶有风味的青梅佳品,给无数观光者留下了甜酸隽永的味觉美!

当今出现了一种寓吃于游、园林观赏与品尝鲜相结合的所谓"观光果园"。这种园居生活,对于生活在紧张的现代大都市中的人们来说,是一种人皆向往的赏心乐事。或许这也是一种人性的回归吧——我们的祖先就曾经生活在浓郁苍莽的林海,采果为生;人类无法避免对其"童年时代"生活方式的追慕。

思考题:

1. 试从所介绍几种园林单体美中,总结其一般欣赏要点。
2. 试举例说明你所知道的园林看点的美感。

5.4 外国园林艺术概况

5.4.1 日本庭园

从汉代起,日本就受中国文化影响。到公元8世纪的奈良时期,日本开始大量吸收中国的盛唐文化,中国文化也从各方面不断刺激着日本社会。因此,日本深受中国园林、尤其是唐宋山水园的影响,一直保持着与中国园林相近的自然式风格。但结合日本的自然条件和文化背景,形成了它的独特风格而自成体系。日本所特有的山水庭,精巧细致,在再现自然风景方面十分凝炼,并讲究造园意匠,极富诗意和哲学意味,形成极端"写意"的艺术风格(见图5-9)。

图 5-9 日本园林

当飞鸟时代(538年)从百济传入佛教后,日本文化有了新的发展,建筑、雕刻、绘画、工艺也从中国输入到日本列岛,并兴盛起来。在庭园方面,首推古天皇时候(592~618年),因受佛教影响,在宫区的河畔、池畔和寺院境内,布置石造、须弥山,作为庭园主体。从奈良时代到平安时代,日本文化主要是贵族文化,他们憧憬中国的文化,喜作汉诗和汉文,汉代的"三山一池"仙境也影响日本的文学和庭园,这个时期受海洋景观的刺激,池中之岛兴起,还有瀑布、溪流的创作,庭园建筑也有了发展。

平安时代(794~1192年),京都山水优美,都城里多天然的池塘、涌泉、丘陵,土质肥沃,树草丰富,岩石质良,为庭园的发展提供了得天独厚的条件。据载恒武天皇时期主要建筑都仿唐制,苑园多利用天然的湖池和起伏地形,并模仿汉上林苑营造了"神泉苑"。这一时代前期对庭园山水草木经营十分重视,而且要求表现自然,并逐渐形成以池和岛为主题的"水石庭"风格,且诞生了日本最早的造庭法秘传书,名叫《前庭秘抄》(一名《作庭记》)。后期又有《山水并野形图》一卷。

12世纪末,日本社会进入封建时代,武士文化有了显著的发展,形成朴素实用的宅园;同时宋朝禅宗传入日本,并以天台宗为基础,建立了法华宗。禅宗思想对吉野时代及以后的庭园新样式的形成有较大影响。此时已逐渐形成"缩景园"和佛教方丈庭的园林形式。

室町时代(14~15世纪)是日本庭园的黄金时代,造庭技术发达,造园意匠最具特色,庭园名师辈出。镰仓、吉野时代萌芽的新样式有了发展。室町时代各园很多,不少名园还留存到现在。其中以竜安寺方丈南庭、大仙院方丈北东庭等为代表的所谓"枯山水"庭园最为著名。

京都竜安寺南庭是日本"枯山水"的代表作。这个平庭长28米,宽12米,一面临厅堂,其余三面围以土墙。庭园地面上全部铺白沙,除了15块石头以外,再没有任何树木花草。用白沙象征水面,以15块石头的组合、比例,向背的安排来体现岛屿山峦,于咫尺之地幻化出千倾万壑的气势。这种庭园纯属观赏的对象,游人不能在里面活动。

枯山水很讲究置石,主要是利用单块石头本身的造型和它们之间的配列关系。石形务求稳重,底广顶削,不作飞梁、悬桃等奇构,也很少堆叠成山;这与我国的叠石很不一样。枯山水庭园内也栽置不太高大的观赏树木,都十分注意修剪树的外形姿势而又不失其自然生态。

枯山水庭园多半见于寺院园林,设计者往往就是当时的禅宗僧侣。他们赋予此种园林以恬淡出世的气氛,把宗教的哲理与园林艺术完美地结合起来,把"写意"的造景方法发展到了极致,也抽象到了顶点。这是日本园林的主要成就之一,影响非常广泛(见图5-10)。

图5-10 "枯山水"庭园

室町时代还创作了一种新的园林形式——茶庭。早在南宋镰仓时期,日本禅僧荣西再度来华4年,带回啜茗习尚,为室町时期(明代)茶道、茶庭树立了基础。

桃山时代(16世纪),茶庭勃兴。茶庭顺应自然,面积不大,单设或与庭园其他部分隔开。四周围以竹篱,有庭门和小径通到最主要的建筑即茶汤仪式的茶屋。茶庭面积虽小,但要表现自然的片断,寸地而有深山野谷幽美的意境,更要和 Chanayu(茶)的精神协调,能使人默思沉想,一旦进入茶庭好似远离尘凡一般。庭中栽植主要为常绿树,洁净是首要的,庭地和石上都要长有青苔,使茶庭形成"静寂"的氛围。忌用花木,一方面是出于对水墨画的模仿,另一方面,在用无色表现幽静、古雅感情方面也有其积极意义。茶庭中对石灯、水钵的布置,尤其是飞石敷石有了进一步发展。

日本庭园到江户时代(17～19 世纪)初期,完成了自己独特风格的民族形式,并且确立起来。当时最著名的代表作是桂离宫庭园。庭园中心为水池,池心有三岛,岛间有桥相连,池苑周围主要苑路环回导引到茶庭洼地以及亭轩院屋建筑。全园主要建筑是古书院、中书院、新书院相错落的建筑组合。池岸曲折,桥梁、石灯、蹲配等别具意匠,庭石和植物材料种类丰富,配合多彩。修学院离宫庭园,以能充分利用地形特点,有文人趣味的特征,与桂离宫并称为江户时代初期双璧。此时园林不仅集中于几个大城市,也遍及全国。

明治维新后,日本庭园开始欧化。但欧洲的影响只限于城市公园和一些"洋风"住宅的庭园,私家园林仍以传统风格为主。而且,日本园林作为一种独特的风格传播到了欧美各地。

5.4.2 古埃及、古希腊、古罗马园林

西方园林的起源可以上溯到古埃及和古希腊。

地中海东部沿岸地区是西方文明的摇篮。公元前 3000 多年,古埃及在北非建立奴隶制国家。尼罗河沃土冲积,适宜于农业耕作,但国土的其余部分都是沙漠地带,气候温热干燥。对于沙漠居民来说,在一片炎热荒漠的环境里,有水和遮荫树木的绿洲乃是最可珍贵的地方,因此,古埃及人十分重视林荫。尼罗河每年泛滥,退水之后需要丈量耕地,因而发展了几何学。于是,古埃及人也把几何的概念用于园林设计。在一些树木园、葡萄园、蔬菜园里,水池和水渠的形状方整规则,房屋和树木亦按几何规矩加以安排。到公元前 16 世纪,这些本来具有实用意义的园子演变为埃及祭祀和重臣们享乐审美的私园。现在,仍可以从埃及公元前 1375～公元前 1253 年间的古墓壁画上看到园庭的方直平面布置。大概这就是世界上最早的规整式园林。

公元前 7 世纪至 6 世纪的时候,古代希腊已经进入了奴隶制社会,形成了许多城邦国家。奴隶制一开始是非常野蛮的,但是奴隶制毕竟促进了当时社会农业生产和工业生产的分工,推动了当时社会经济和文化的发展,也带来了古希腊文化、科学、艺术的空前繁荣,园林的建设也很兴盛。早在公元前 1000 年左右,希腊盲诗人荷马就在民间流传加工的基础上创造了世界文艺史上最早的史诗《伊利亚特》和《奥德赛》,记载了人类童年时代的历史。其中也提到他生前 400 年时期的希腊园庭。周边围篱,生产蔬菜,还有终年叶绿花开,硕果累累的植物,配之以喷泉,面积有的大到 1 公顷半。曾为古巴比伦王国首都(今伊拉克巴格达之南)的马比巴,是古代"两河流域"最大的城市,商业和文化十分发达。巴比伦是平原国家,巴比伦王尼布加尼撒(Nebuchadnezzer,公元前 605～公元前 562 年)在位时,为讨好其来自山国的王后阿米娣斯(Amytis)而修筑了著名的巴比伦悬空园。据推测每边 120 米,高 23 米,面积 1.6 公顷,方形,用一系列筒形石拱砌成,上铺厚土,移栽 22 米高大树,用幼发拉底河水由龙尾东引水上升浇灌(另一说是由人工扛水经由暗藏扶梯爬到园顶洒水)。这是世界上第一名园,被列为世界七大奇迹之一。

古希腊园林大体上可以分为三类。第一类是公共活动的游览园林,早先原为体育竞赛场,后来为了遮荫而种植的大片树丛逐渐开辟为林荫道,为了浇灌而引来的水渠逐渐形成装饰性的水景,到处陈列着体育优胜者的大理石雕像,林荫下设置了座椅,还有一些可供发表演说、演奏音乐用的厅堂及活动设施。但这种颇似现代"文化休息公园"的公共园林存在的时间并不长,随着古希腊民主政体的衰亡而逐渐消失了。第二类是城市宅园,园子将居室围绕在中心,而不在居室一边。因其四周以柱廊围绕成庭院,因而特称之为柱廊园(Peristyle)。柱廊园有明显的轴线,把四周柱廊以内的居室和绿化部分串联在一起,因而形式上还是规则方整的。廊内

壁画描绘林泉花鸟,代替真实尺度,造成幻觉,远望可得空间扩大效果。园内种植葡萄和花树,配置喷泉雕像。特别需要指出的是,希腊的柱式明确地体现了当时的几何审美观点。第三类是寺庙园林,即以神庙为主体的园林风景区。形成了神庙建筑园林布局的优秀传统。例如,德尔斐(Delphi)、阿波罗(Apollo)圣地就是这类园林的代表。它顺应地势,修建了曲折的道路,沿路布置了许多小小的建筑物,组成一幅幅富有变化的、但却各自完整的画面。

希腊造园艺术被罗马所继承,再添些西亚因素逐渐发展成为大规模园庭,即别墅园。别墅园修建在郊外和城内的丘陵地带,包括居住房屋、水渠、水池、草地和树林。当时的一位官员和作家勃林尼(Pliny)对此曾有过生动的描写:"别墅园林之所以怡人心神,在于那些满爬常春藤的柱廊和人工栽植的树丛;晶莹的水渠两岸缀以花坛,上下交相辉映,确实美不胜收。还有柔媚的林荫道、敞露在阳光下的洁池、华丽的客厅、精致的餐室和卧室……。这些都为人们在中午和晚上提供了愉快安谧的休息场所。"罗马还继承了古希腊的柱廊园而着重发展了宅园。如作为罗马属地的庞贝(Pompeii)古城,据目前发掘所知,除少数例外,每家都有园庭。罗马帝国造园到5世纪达极盛时期,公元408年北方异族侵入意大利时,罗马城区附有大小园庭的第宅多达1780所,实属古今所少见。

5.4.3　回教园林

公元7世纪,阿拉伯人征服了东起印度河、西到伊比利亚半岛的广大地域,建立了一个横跨亚、非、欧三大洲的伊斯兰大帝国。尽管后来分裂为许多小国,但由于伊斯兰教教义的约束,在这个广大的地区内仍然保持着伊斯兰文化的共同特点。阿拉伯人原是沙漠上的游牧民族,祖先逐水草而居的帐幕生涯对"绿洲"和水的特殊感情在园林艺术上有着深刻的反映。水成了回教园的灵魂,所有回教地区,对水都爱惜、敬仰,甚至神化,使水在园中尽量发挥作用。园中往往以水池或水渠为中心,水经常处于缓缓流动状态,发出轻微悦耳的声音。回教水法传入意大利后,更演进到鬼斧神工的地步,每座庄园都有水法的充分表演,并成为欧洲园林必不可少的点缀。公元14世纪是伊斯兰园林的极盛时期,此后,在东方演变为印度莫卧儿园林的两种变体。

欧洲西南端的伊比利亚半岛上的几个伊斯兰王国直到15世纪才被西班牙的天主教政权统一。由于地理环境的长期安定局面,园林艺术得以持续地发展伊斯兰传统并吸收罗马的若干特点而融冶于一炉。西班牙格兰纳达(Glanada)的阿尔罕伯拉宫(Alhambra,13~14世纪)是伊斯兰世界中保存得比较好也比较典型的一所宫殿。这座由大小6个庭院和7个厅堂组合成的宫区位于地势险峻的山上,宫内园林以庭园为主,采取罗马宅园四合院庭的形式,其中最精彩的是石榴院(Court of Myrtles)和狮子院(Court of Lions)。石榴院的中庭纵贯一个长方形水池,两旁是修剪得整整齐齐的石榴树篱,水池中摇拽着马蹄形券廊的倒影,显示一派安谧、亲切的气氛。方整凝静的水面与暗绿色的树篱映衬着精致繁密、色彩明亮的建筑雕饰,又予人一种生动活泼的感受。狮子园四周均为马蹄形券廊,纵横两条水渠贯穿庭院,成为十字形而象征天堂。水渠的交汇处,即庭园的中央有一个喷泉,它的基座雕刻着12个大理石狮子像,故以狮名园。狮子院中只有桔树。各庭院之间以洞门互相通透,隔以漏窗,可由一院窥见邻院,甚至可透过门廊和洞门看到苑外的群峰。这种扩大空间的手法,在中国园林中是很常见的。在此园内,几乎感受不到伊斯兰教凛然不可侵犯的气氛;尽管布局工整严谨,而幽闲静穆,倒与中国古典园林相似。植物种类不多,仅有松柏、石榴、玉兰、月桂,杂以香花。建筑物色彩丰富,装饰以抹灰刻花做底,染成红蓝金墨,间以砖石贴面,夹配瓷砖,嵌饰阿拉伯文字。回教园庭雕饰色调与花木明暗对比强烈,具独特风格。由于气候干燥,草坪花坛不易培植,西班牙回教园庭代之以五色石子铺地。这种做法在离阿尔罕伯拉宫东南 200 米的另一回教"园丁园"(Generalife)中也可见到,把此园铺地纹样与中国园林的花街相对照,神情面貌如出一辙! 15 世纪末,西班牙人推翻阿拉伯统治。嗣后,效法荷兰、英国、法国造园艺术,推广水法、绿化,贵族开始兴造私园,回教与意大利文艺复兴风格结成一体。

5.4.4　欧洲中世纪园林

从公元 476 年奴隶制的西罗马帝国崩溃直到 17 世纪中叶的英国资产阶级革命爆发,在历史学上被称为"中世纪"。但一些文艺史家又把中世纪分为"中世纪"和"文艺复兴"两个时期,即 14 世纪以前的"中世纪"和 14～17 世纪的"文艺复兴"。中世纪初期(约 5 世纪到 8 世纪),是封建制形成时期。封建制的形成和封建领地的占有,封建主都要建造他们的官邸——城堡,然后就有城堡式庄园的发展。城堡式的园林由深沟高墙包围着,园内建置藤萝架、花架和凉亭,沿城墙设座凳。有的园中央堆叠一座土山,叫做庭山(Mount),上建亭阁之类便于观赏城堡外面的田野景色。同时,这个时期也是封建欧洲主要精神支柱天主教会的影响在整个欧洲广为传播的时期,天主教会占有广大的土地(竟占全欧土地的 1/3)和物产,教会成了最大的封建主,是中世纪最强大的社会组织者,从而成为西欧文化精神的垄断者。教会和僧侣掌握着知识的宝库,孕育着文化,寺院十分发达。园林曾在寺院里得到发展,产生了寺院式园林。寺院、园林依附于天主教堂或修道院的一侧,包括果树园和菜畦及养鱼池、水渠、花坛和药圃,布局随意无一定章法。造园的主要目的在于生产水果蔬菜副食品和药材,观赏的意义尚属其次。整个中世纪,除了这两类园林之外,园林建设几乎完全停滞。

5.4.5　文艺复兴时期的意大利园林

西方园林在更高水平上的发展始于意大利的"文艺复兴"时期。文艺复兴是欧洲在封建社会后期发生的新兴的资产阶级反对封建主义的一次思想文化运动,时间大约是在 14 世纪到 16 世纪。这一时期是欧洲商业资本主义的上升期,意大利出现了许多以城市为中心的商业城邦,政治上的安定和商业上繁荣必然带来文化的发展。人们的思想从中世纪宗教的桎梏中解放出来,摆脱了上帝的禁锢,充分意识到自己的能力、创造性以及"人性的解放",同时结合对古希腊、古罗马灿烂文化的重新认识,开创了意大利"文艺复兴"的高潮。园林艺术也是这个文化高潮里面的一部分。文艺复兴时期的意大利城市国家中,有着重大艺术活动的主要城市有三处,即佛罗伦萨(Firenze)、罗马(Rome)和威尼斯(Venice),它们先后兴旺起来,成为文艺复兴各个时期的艺术中心。当时,无论是建筑学或园林艺术都被看作是造型艺术,庄园设计者和建造者,往往既是画家、雕塑家,又是建筑师的艺术家。

佛罗伦萨是当时意大利的城市国家中经济最发达的一个,这里的富商及工场主热心提倡古典文化艺术,因其是古罗马的后裔而醉心于古罗马的一切。古罗马贵族豪华富丽的生活和庄园别墅的营造正是他们在生活上所追求的,于是富丽的庄园不断地在佛罗伦萨周围以及意大利北部其他城市里建造起来。

意大利是一个半岛,境内山陵起伏(主要是西北—东南走向)。国土北部的气候如同欧洲中部温带地区的气候。冬季有从阿尔卑斯山吹来的寒风,夏季谷地平原上的气候是非常不愉快的,既闷又热,不适卫生,但是在山丘上,即使只有几十米海拔高度,白天可以承受凉爽的海风,晚间也有来自山上林中的气流,清凉怡人。由于这些山形与气候的特点,意大利庄园大多建筑在面海的山坡上,就坡势而作成若干层台地,遂产生所谓台地园(Terrace Garden)的形式。

文艺复兴初期的台地园中,各层台地的连接是直接由地势层次自然而然地连接,主要建筑往往置在最高层的台地上,建筑具有俭朴崇实的风格(继承了封建领主时代那种城堡式建筑的传统风格),或就着原有古老建筑增辟窗户而成。园地部分的处理很简洁,树畦、盆树、绿丛植坛(即全用绿色灌木丛植并加以修剪来表现图案的坛地)。其他的配置以及园地和建筑间的关系是直接的合为一体,园景在布局上主要着眼于不损坏可资眺望的视景,而借景于园外。喷泉或水池常位于一个局部的中心点或为构图中心,但泉、池本身的形式简洁,主体常是雕塑物像而非理水技巧(见图 5-11)。

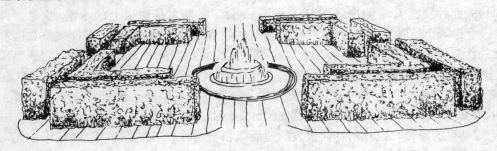

图 5-11 欧式广场

15 世纪后期,佛罗伦萨渐趋衰落,罗马散发出前所未有的光辉,成为意大利的艺术中心。16 世纪,罗马修建了许多新的庄园。由于当时的教会拥有雄厚的力量,因而其中有不少著名的庄园都是主教们所建造。这一时期的意大利庄园,在结构上虽仍为台地园,但格调严整,有明确的中轴线,依此而前后左右对称布局。在中轴线上,或是轴线的延伸部分,风景线的焦点线局部的构图中心,其主体均是理水的形式,或为喷泉,或为水池,或为承水槽,或为雕塑,还常有为欣赏流水而设的装置,甚至有意识地利用激水之声,构成音乐的旋律。理水方式别出心裁,表明理水技巧达到了很高的成就。这种以水为主题的景色,成为意大利庄园中的主景。

到了 16 世纪末叶和 17 世纪,在建筑艺术上发展成为巴洛克式(Barocco Style),即受法式和清规戒律的束缚,使艺术失去生机,爱好自由生活的意大利人,反对墨守成规,讨厌拥挤的街道和住房,远离闹市而享受更自由自在的圃园生活意愿,日益增长。于是在罗马郊区筑园又成为一时的风尚。庄园设计尽力摆脱旧的规律,表现新的意向,追求明快如画的美妙意境。但细部对称,几何图案的模样花墙的运用,以及视景焦点的处理已达极端,可谓物极必反。过分地刻意雕琢反而跟四周景色不能协调,或与总的布局不能和谐,影响了园林匠意。

5.4.6 法国古典主义园林

16~17 世纪,意大利文艺复兴式园林传入法国。法国多平原,有大片天然植被和大量的河流湖泊。法国人并没有完全接受台地园的形式,而是把中轴线对称均齐的规整式的园林布局手法运用于平地造园。

17 世纪后半叶,从路易十三开始,国王战胜了封建诸侯而统一法兰西。路易十四时(1661~1715 年),是法兰西的极盛时代。路易十四为满足他的虚荣,表示他的至尊和权威,建造了宏伟的凡尔赛宫苑,在西方的造园史上揭开了光辉灿烂的崭新一页。这个宫苑是法国最杰出的造园大师勒诺特(Andre Le Notre)所设计和主持建造的。

凡尔赛宫占地极广,大约 600 余公顷。是路易十四依照财政大臣福开的维贡园(Vauxle Vicomte)样式而建成的,包括"宫"和"苑"两部分。广大的苑林区在宫殿建筑的西面,由造园家勒诺特设计规划。它有一条自宫殿中央往西延伸长达 2 公里的中轴线,两侧大片的树林把中轴线衬托成为一条极宽阔的林荫大道,自东而西一直消逝在无垠的天际。林荫大道的设计分为东西两段;西段以水景为主,包括十字形的大水渠和阿波罗水池,饰以大理石雕像和喷泉。十字水渠横臂的北端为别墅园"大特里阿农"(Grand Trianon),南端为动物饲养园。东段的开阔平地上则是左右对称布置的几组大型的"绣毯式植坛"。大林荫道两侧的树林里隐蔽地布列着一些洞府、水景剧场(Water Theatre)、迷宫、小型别墅等,是比较安静的就近观赏的场所。树林里还开辟出许多笔直交叉的小林荫路,它们尽端都有对景,因此而形成一系列的视景线(Vista),故此种园林又叫做视景园(Vista Garden)。中央大林荫道上的水池、喷泉、台阶、保坎、雕像等建筑小品以及植坛、绿篱均严格按对称均齐的几何格式布置,堪称规整式园林的典范,较之意大利文艺复兴园林更明显地反映了有组织有秩序的古典主义原则。它所显示的浑宏的气度和雍容华贵的景观也远非前者所能比拟。

路易十四在位的数十年间,凡尔赛建设工程一直不停的陆续扩建和改建,内容大体上是按照勒诺特所制定的总体规划进行的。这座园林不仅是当时世界上规模最大的名园之一,也是法国绝对君权的象征。以凡尔赛为代表的造园风格被称作"勒诺特式"或"路易十四式",这一风格的形成,开创了西方园林发展史上的新纪元。正如意大利文艺复兴所曾有过的影响一样,法国的"勒诺特式"园林在 18 世纪时风靡全欧洲乃至世界各地。影响到德国、奥地利、荷兰、俄国、英国等许多国家的造园风格,但这些模仿的设计,在艺术表现的技巧上远不及这位祖师,不切实际的崇拜模仿反而显得不伦不类。后期的勒诺特式园林受到洛可可(Rococo)风格的影响而趋于矫揉造作,在荷兰还开始大量运用植物整形(Topiary),把树木修剪成繁复的几何形体甚至各种动物的形象使人为意味趋于极端而缺乏生气。

5.4.7 英国自然风景园

当整个欧洲大陆在风行勒诺特式造园,并发展到洛可可式的极端,走下坡路并趋于没落的途中时,在艺术上,艺术家也早已对古典主义感到厌倦,对墨守成规的保守和缺乏生气的偏向进行攻击,并发生了浪漫主义运动,这个艺术思潮,也反映在园林艺术上。

17、18 世纪时,英国的历史进程与法国是不尽相同的,此时英国已完成了推翻君主专制的革命,并且进入了工业革命阶段,资产阶级在革命胜利后,也跻身于上流社会,染上了上层阶级的习气,他们遍游名山大川,贪图享受。他们在游山玩水过程中所领略到的天然风光势必要反映到绘画、诗歌,当然也包括园林在内的文化艺术中来,于是封闭的"城堡园林"和规整严谨的"勒诺特式"园式逐渐为人们所厌弃而促使他们去探索另外一种近乎自然、返朴归真的新园林风格——风景式园林。

英国的风景式园林兴起于 18 世纪初期。在初期创作中,以画家肯特(Willam Kent)(1694~1748 年)较著称。与勒诺特风格完全相反,它否定了纹样植坛、笔直的林荫道、方整的水池、整形的树木。扬弃了一切几何形状和对称均齐的布局,代之以弯曲的道路、自然式的树丛和草地、蜿蜒的河流,讲究借景和与园外的自然环境相融合。在肯特之后,他的门徒布朗(Lancelot Brown)(1715~1783 年)的成就,达到风景园的理想水平。他摒弃花卉,避免利用建筑点缀,只铺设大片草坪,配置一簇簇林木,形成天然般景物,用少量水流创出大江大河的幻觉。圆周掘出一条干沟式"隐垣"而不砌界墙。不论在什么地方,他都以为"颇有可为",有一番做法,从而博得"可为布朗"(Capability Brown)称号。这位园林师兼建筑家既是创新者又是改良家,善于把他人完成的风景园加以"改进"而被称为改良者(Brown the Improver)。但他的大刀阔斧作风也引起些不必要的破坏，英国过去许多出色的文艺复兴和勒诺特式园林都被平毁而改造成为风景式园林。

风景式园林比起规整式园林，在园林与天然风致相结合、突出自然景观方面有其独特的成就。但物极必反，却又逐渐走向另一个极端，即完全以自然风景或者风景画作为抄袭的蓝本，以至于经营园林虽然耗费了大量人力和资金，而所得到的效果与原始的天然风景并没有什么区别。看不到多少人为加工的点染，虽本于自然但未必高于自然，这种情况也引起了人们的反感。因此，布朗尸骨未寒，就出现否定"园宜入画"的论点。从造园家列普顿(Hunphry Repton)开始又复使用台地、绿篱、人工理水、植物整形修剪以及日晷、鸟舍、雕像等建筑小品；特别注意树的外形与建筑形象的配合衬托，以及虚实、色彩、明暗的比例关系。甚至在园林中渲染一种浪漫的情调，这就是所谓"浪漫派"园林。

这时候，通过在中国的耶稣会传教士致罗马教廷的通讯，以圆明园为代表的中国园林艺术被介绍到欧洲。英国皇家建筑师钱伯斯(William Chambers)两度游历中国，归来后著文盛谈中国园林，并在他所设计的丘园(Kew Garden)中首次运用所谓"中国式"的手法，虽然不过是一些肤浅和不伦不类的点缀，终于也形成一个流派，法国人称之为"中英式"园林(Le Jardin Anglo-Chinois)，在欧洲曾经风行一时。

英国式的风景园作为勒诺特风格的一种对立面，不仅盛行于欧洲，还随着英国殖民主义势力的扩张而远播于世界各地。

5.4.8　现代园林

18、19 世纪的西方园林可以说是勒诺特风格和英国风格这两大主流并行发展、互为消长的时期，当然也产生出许多混合型的变体。19 世纪中叶，欧洲人从海外大量引进树木和花卉的新品种而加以培育驯化，观赏植物的研究遂成为一门专门学科。花卉在园林中的地位愈来愈重要，并且很讲究花卉的形态、色彩、香味、花期和栽植方式。造园大量使用花坛，并且出现了以花卉配置为主要内容的"花园"(Flower Garden)乃至以某一种花卉为主题的花园，如玫瑰园、百合园等。

19 世纪后期，由于大工业的发展，许多资本主义国家的城市日愈膨胀，人口日愈集中，大城市开始出现居住条件明显两极分化的现象。劳动人民聚居的"贫民窟"(Slum)环境污浊，狭隘噪杂。即使在市政设施完善的资产阶级住宅区也由于地价昂贵，经营宅园不易，资产阶级纷纷远离城市寻找清静的环境，加之现代交通工具的发达，百十里路之遥朝发而夕至。于是，在郊野地区兴建别墅园林逐成一时之风尚，19 世纪末到 20 世纪是这类园林最为兴盛的时期。

当时的许多学者已经看到城市建筑过于稠密所造成的严重后果，特别是终年居住在贫民窟里面的工人阶级迫切需要优美的园林环境作为生活的调剂。因此，学者在提出种种城市规划的理论和方案设想的同时，也考虑到园林绿化的问题。其中霍华德(E. Howard)倡导的"花园城"不仅是很有代表性的一种理论，而且在英国、美国都有若干实践的例子，但并未得到推广。至于其他形形色色的学说则大都是资本主义制度下不易实现的空想。另一方面在富人居住区却也相应地出现了一些新的园林类型，比较早的如伦敦的花园广场(Garden Square)；稍后，纳许(John Nash)将公园(Park)纳入住宅区的规划中，19 世纪初叶由他设计建成的摄政王公园宅区(Regent's Park Residences)即是一个首创的例子，城市公园作为一种面向群众开放的公共园林形式从此应运而兴，英国柏金黑特城的柏金黑特公园(Birkinhead Park)和美国纽约的中央公园(Central Park)是早期的两座著名的公园。以后，各种形式的公园便在资本主国家的城市中发展起来,并逐渐遍及世界各地。

第一次世界大战后,造型艺术和建筑艺术中各种现代艺术和现代建筑的构图原则运用于造园设计,好似勒诺特式园林之运用古典主义建筑的构图一样,从而形成一种新型风格的"现代园林"。这种园林的规划讲究自由布局和空间的穿插,建筑、山、水和植物讲究体形、质地、色彩和抽象构图,并且还吸收了日本庭园的某些意匠和手法。现代园林随着现代建筑和造园技术的发达而风行于全世界,至今仍方兴未艾。

思考题:
    1.分别简述世界主要园林艺术风格。
    2.现代园林艺术有何特点?

5.5　未来园林艺术走向

5.5.1　时代对园林美新的迫切要求

当今的时代,是一个充满重大变革的时代。人类的科学文化取得了前所未有的进展,人们的自然观、社会观、伦理观以及生活方式、思维方式相应发生了深刻的变化。以反传统为特点的现代文化和美学思潮席卷西方,也强烈地冲击着中国文化艺术和美学的各个领域。有着独特而完整的艺术体系的中国园林艺术,也无例外地随着时代观念的更新而在审美意识上发生着深刻的变化。

同时,20世纪60年代以来,由于工业技术的日益发展,忽视了环境问题,导致空气、水的污染越来越严重,生态不平衡的现象也日趋恶化。森林面积大幅度减少,植被遭破坏,许多国家的都市化愈益明显,城市中人口密度、噪音增长,个人的生存空间相对狭小,生存的环境质量则越来越差。由于这些环境因素,导致人们普遍产生了对自然环境的新追求,出现了"回归大自然"的愿望。这就必然造成人们对风景园林的审美情趣有了新的趋向,人们对自然风光和人工痕迹很少的景观的喜爱程度明显增加。在欧洲、美国,人们对海滩、峡谷、原始森林、大草原的兴趣与日俱增,甚至人迹罕至的沙漠也能吸引游人。

即使在中国,近几年新开发的张家界、九寨沟等风景区也主要因为在某种程度上保留了原始自然风光的特点,而吸引了大批中外游人,沿海各地的海滩也成了国内旅游的热点,各种农家乐、民俗风情游、野外生存探险游,也都应运而生。

有些专家认为,园林在人类社会的漫长历史中,基本上是沿着"自然——模仿自然——由人工表现自然或改造自然——回归大自然"的轨迹发展的。当然,这个回归不是简单的重复,而是更高境界的艺术追求。

面对新的审美需求,对照传统园林艺术的审美特征,归纳当代园林审美意识的变化,可以看出:

5.5.1.1　审美概念变化

当今风景园林艺术的概念,正从狭义的人工园林艺术,扩展到追求大环境的自然化和美化的"环境艺术"的范畴。这不仅是面积上的扩张,而是由于生产力提高、商品经济繁荣、物质生活水平提高、交通便利以及信息传递快捷、国际交流频繁等因素,使人们的环境概念已不再局限于自己的小庭院或周围小地区,而是把一个城市区域、整个地区和国家,乃至地球作为人类生态环境的整体来关注。

从园林审美类型看,当代风景园林,已从传统的以人工园林为主体的皇家、私家、宗教园林扩展到以自然山水为基础的风景名胜区和特殊地貌景观保护区、区域性公园、小游园等公共绿地系统,各类专用绿地以及与建筑物相关的庭院小园林等广泛多样的类型。

从园林美学研究对象上看,当代园林美学已从单一的研究,诸如形式、内容、意境等园林艺术特征要素,扩展到研究艺术、科学和自然三者之间的关系,特别是人和自然的审美关系——这一现代美学的重要课题上来。当代园林美学已成为人类研究自然美的重要内容之一。

5.5.1.2 审美需求的变化

当代人的审美需求,已从单一的画面美向多形式、多功能的综合审美要求扩展。既向往未来,又缅怀过去;既追求豪华,又希望宁静;既对现代的生活方式趋之若鹜,又对古老田园的情趣流连忘返,这是矛盾的对立统一。日常居住的市区愈现代化愈好,风景区则宜越有自然风貌和民族传统风格越好,外观可以古色古香,内部设施则要"一应俱全"。柳永的"市列珠玑、户盈罗绮、竞豪奢"与郁达夫的"泥壁茅蓬四五家,新茶初苗两三芽"的意境可以并存于"鱼与熊掌兼得"的环境里。

同时,对于立体的丰富变化和虚实空间的奇妙创造的追求日渐增多,如以声光的配合以及色彩、画面的运用(如音乐喷泉,激光背景,窗、墙、电梯内壁运用新技术、新材料装饰的自然风光画面等),来满足现代人多种审美需求和情思想像的意境。

众多变化当中,有几个重点意识趋向:

1. 回归自然

在紧张的工作、快节奏的生活、竞争激烈的现代社会环境中,为了缓解压力,感受人与自然的和谐温馨,释放自我,追寻人间诗意,人类本能的对自然的回归意识(包括对生命的意义、激情、情感的憧憬与思索)变得越来越强烈。追求途径则为"通感"——将可观、可闻、可听、可触的自然风光,移情为可感、可思的内心顿悟。

2. 美感熏陶

园林不再只是假日闲暇的游憩之所,管理者有意识地把风景园林作为启发、培育、熏陶审美情趣、寻求美感知识的地方。人生不同阶段的经历,在园林美的映衬下更显丰富多彩,如少年时代草坪上的欢乐游戏,青年时代的树下晨读与花前月下的浪漫,中年时代漫步湖边的深思,老年时代夕阳红枫下的宁静,皆可寄情于园林风景之中,借助影像的映射,将人生的风光珍藏。

3. 多功能综合服务意识

审美赏景过程中,园林还应具有其他多种生活和文化的功能,追求改善自然生态环境、增进健康的理念。将登山、日光浴、温泉浴、森林浴等休闲保健项目,以及各种聚会、野餐、艺术展览、演出等各具不同审美功能与实用功能的活动综合起来。同时,要满足生活上要求舒适和情调上追求古朴、野趣的矛盾统一的需求,这也是现代人生活和意识的特点之一。如在空调开放的餐厅中点着蜡烛喝咖啡,在有现代化设备的帐篷旅馆里,体验草原牧民的生活情趣。

5.5.1.3 审美时空观变化

审美的客观内容不再局限于传统的空间结构形式,在高层次审美需求的推动下,导致了多序列、多方位、复杂的立体空间结构景观的出现。如喀斯特岩洞中变幻莫测的泛光背景下,光怪陆离的钟乳石,国外主题游乐园中的奇妙、复杂的人工景观等。

同时,现代文化背景下,园林美的构成要求审美实体空间(造园物质要素构成的境界)与意像空间(游人的感受、联想)的范围紧密联系,却又不能过于讲求含蓄、玄妙(因为现代人由于条件所限,普遍缺乏古代文人的某些文化底蕴与闲情逸致)。现代设计理念中,要求设计思想更接近自然,并符合认知思维规律,而景观外在形式引发的联想又需要更加丰富、巧妙。

当然,审美客体在空间顺序和时间顺序上的多样性与复杂性也愈益发展。这也是现代科学技术和生活的发展,为人们提供了更丰富的选择,使人们在欣赏上要求提高的结果。近年来世界各地的特色公园以其丰富的个性特点,而颇受欢迎就是一种反映。如香港海洋公园,美国、日本、欧洲先后建起的包含园林部分的迪斯尼乐园,深圳的世界之窗、锦绣中华园等等。

5.5.2 未来的造园趋势

5.5.2.1 古代造园经验依然具有活力

在人类造园的历史上,由于地理以及社会因素造成的文化差别,形成了不同的风格。而吸收不同民族造园风格中的精华,融会于现代作品中,正是当代园林艺术创作的特点。也正因为如此,它不仅作为各民族自身的文化遗产,受到本民族的重视,还将作为文化交流的载体,在国际交流中扮演着重要角色。更多融会古今中外园林精华的作品,将会不断涌现。因此,致力于传统造园经验的深入挖掘并与现代造园手段相结合的研究,仍是大有可为的。

5.5.2.2 科技使以往的梦想变成了现实

科学技术的进步和经济的发展与繁荣,使人们在建设现在的生活环境时,能够把过去特别是由于自然原因造成的障碍,很容易地解决。在人工气候室中,观赏从热带到寒带的各种奇花异卉;夜幕下,看流光异彩的喷泉和着音乐的节拍起舞;还有那人造云雾萦绕出的缥缈仙山;南国盛夏观赏北国冰灯、体验滑雪之乐……,科技的魅力,为园林艺术家平添了实现梦想的利器,使古人的神话转变为现实。高科技产品和技术在造园领域的应用,不论是在建筑表现、工程实施、植物栽培还是环境维护等方面,都是具有广阔前景的。

5.5.2.3 生活方式变化对园林产生深刻影响

从大的层面来说,原来只有极少数发达的工业国家才有的高层建筑,今后将成为解决人口增长和人均土地面积减少这一尖锐矛盾的有效的手段,为更多的国家在城市化进程中所采用。因此,交通等各种城市基础设施,将会向地下、水下、空中发展,同时在进行新型城市的规划时,会对园林绿化建设提出新的课题。

从小的局部来看,现代人对"家庭"的概念有所改变,它的物质形象,越来越接近对"居室"的理解。庭院的概念,已开始从家庭私有的传统理念中消失,并以新的含义出现在城市生活中,作为共享的社区绿地,已和其他所有可以进行植物配置的地方构成了一个体系。在不同地区,这种情况也许以多种新的形式出现,但都将不同程度地冲破原有的国家、民族、地区文化的差别,成为人类生活方式的一个新特点,由一些人口密集的都市,逐渐向周围辐射、扩展开去,从而造成园林形式的多元化。

5.5.2.4 生态效益居头等重要的地位

在人类文明不断取得重大进展的同时,滥用资源、忽视环境所酿就的灾难,也正日益显现。资源枯竭、森林锐减、物种消失、气候变暖、灾害频发等现象日趋严重。环境问题已经列入许多国家和国际组织的议事日程,其对人类生存和发展的决定作用,正在成为全世界所共同关注的议题。尽管由于种种原因,全球性的环境与气候公约,尚未得到全体国家的一致通过,但各种积极的行动措施已经伴随着人们环保意识的增强而逐步实施,环境条件甚至已作为政府间政治、经贸谈判的首要条款。

在这种关注环境、热爱绿色的背景下，园林的地位发生了转变。造园艺术原来仅仅具有审美范畴的意义，特别是在我国，传统文化因素赋予了园林某种仅供游赏的观念。而今，园林以其绿色空间的内涵，突现了其生态效益在城市生活中的地位。这反映着一个最新的也是最基本的审美理想——满足人类生存与发展的需求。园林工作者面临着在实现园林美化生活作用的基础上，如何发挥园林生态效益的新课题。

5.5.3 园林美成为城市现代化的有机组成部分

现代化城市建设的一个重要方面就是它的整体环境艺术，园林在这方面起着重要的作用。这个问题的内涵包括两方面：一是城市环境美的改善；二是城市生态条件的改善。由此可以对园林的概念作更广泛的解释：不仅包括公园、花园、绿地、庭院、名胜古迹、街道广场绿化设施，还有行道树、花坛、喷泉、雕塑、郊区的林带、风景区、山水游览区、娱乐场所中的园林部分……等等，这些内容的综合构成了现代化城市整体环境艺术的主要形式，它是一个城市密不可分的有机组成部分。

以往在评价一个城市的现代化时，常常着重于生产总值。而今，发达国家已把这种传统看法置于次要的地位，或者是把工业生产规划在特定的工业区域或经济区域内。而在城市建设中，着重考虑的是居住环境，是为城市居民提供高质量的生存空间。这个质量当然也包括商业、交通、电讯等基础服务设施，但城市的整体环境艺术建设也是一个举足轻重的内容。

近几十年工业发展与环境恶化之间的内在联系，使人们进一步认识到发展经济的最终目的，是提高人的生活质量，而环境正是生活质量的主要内容之一，所以城市建设中园林美学的指导意义就引起了人们的重视。一座现代化优美城市的重要标志之一，不仅是它的绿化覆盖率和人均绿化面积，更重要的是园林绿化的美感效益。后者比前者的要求显然更高，涉及到多种学科相互协作，从城市的整体风格，各区域的经济、文化功能的主要特点，街道、建筑物的风格特征，及人们生活的实际需要出发，结合园林绿化的美感效果加以综合考虑，才能创造出优美的具有自身特色、张扬城市个性的城市环境艺术。

在新建城市的规划设计中，应把环境景观、园林绿化作为重要的内容结合进去。国外一些新兴城镇，利用有利的地理条件，充分发挥园林艺术在建设中的作用，甚至把"花园"作为整个城镇建设的首要因素来加以设计。但是，大多数城镇只能在原有格局的改建规划中考虑这个因素。最实际的做法是，利用城市发展的过程中，必须进行的市政建设和住房改建工程给园林艺术以足够的空间。比如，住宅向高层发展，必然会产生较原位置更宽阔的空地，除了必要的道路、停车场（国外有些经济发达国家，宁愿多投资把停车场建在地下，地面上搞园林绿化）外，必须多设计、建设一些和周围建筑物、环境协调的园林绿化工程。此外，各类大型公共建筑、市政设施，都应采用相应的富有特色的园林艺术来加以美化，这样才能使城市整体环境艺术水平逐步提高。如上海南浦大桥是一座具有国际先进水平的大型斜拉索桥，江中无桥墩，浦西是圆形盘旋式引桥，浦东则为直引桥和弯弧形横引桥相结合。园林设计者根据整座大桥的造型和两端引桥的不同特点，从绿化的布局、形状到颜色、品种乃至配套小品综合考虑，使整座大桥更显雄伟、美观，两岸附近地区的环境美化水准也得到很大提高。

5.5.4 我国与发达国家的差距及努力方向

就总体而言，我国在城市整体环境艺术的建设方面同发达国家还存在着很大的差距，这主要表现在两点：

5.5.4.1 城市绿化覆盖率较低

按照联合国生物圈生态和环境保护组织的规定,城市绿化覆盖率应达到50%,城市居民人均绿地为60平方米,居民区内人均绿地为28平方米。我国大中城市绿化覆盖率平均在10%～20%,而先进国家一般在30%～40%之间。城市人均绿地面积差距更大,日本全国人均公园绿地是5.84平方米,东京3.41平方米;美国洛杉矶人均公园绿地是18.06平方米,纽约14.4平方米;法国巴黎人均公园绿地是24平方米;英国伦敦人均公园绿地是25.4平方米;俄罗斯莫斯科人均公园绿地是29.10平方米;波兰华沙人均公园绿地是22.70平方米;意大利罗马人均公园绿地11.40平方米……而到1996年底,上海市区人均公共绿地面积仅1.9平方米,市区绿化覆盖率仅为17%。

5.5.4.2 城市园林绿化缺乏整体艺术设计,美感效益差

我国除了杭州、桂林等风景园林城市外,大多数城市原有的园林绿化基础都较差。改变现状也只能是见缝插针,局部调整,缺乏整体环境艺术的审美意识与水平。而先进国家往往根据城市的布局和特点,以特色带全面,从园林绿化与城市环境的协调、配合来加以艺术的设计,达到环境净化、美观的效果。近年来,从深圳的快速崛起、大连的更新改造、上海浦东开发等不同类型的城市环境建设成果来看,我国部分地区已经完成与世界先进国家接轨,达到了建设绿色城市的先进水平。

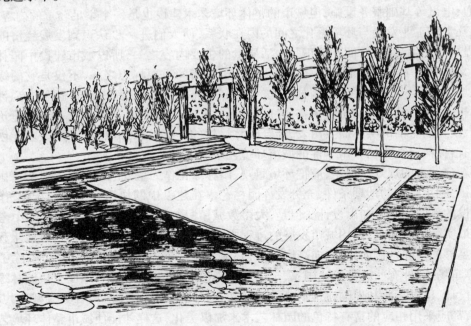

图5-12 北京奥运会场馆外围设计

随着改革开放的深入,园林绿化事业的振兴与发展,以及我国传统的园林美学和现代美学研究水平的提高,我国的城市绿化已有了飞速的发展,随着社会经济的快速发展,物质文明的迅速提高,人们越来越关注绿化,关注人类的生存环境。许多城市,已经把强化生态环境建设提到了重要的议事日程。特别是提出了建设生态城市的理念。生态城市作为一个崭新的概念,应该是一个经济发展、社会进步、生态保护三者保持高度和谐发展、环境美好的城市。建设这样的城市,除借鉴国外经验外,还需要园林工作者对各种新问题、新思路作深入细致的研究,

92

探索出一条符合自身发展规律和美学原理的特色之路。同时,还要以专业人员的责任感,来宣传、讲解一些新的审美理念,从而使各级领导和有关部门对园林美学的地位及其在现代化城市发展中的作用有充分的认识,也使全社会的"绿化意识"与园林美学的素养日益提高,全体人民都能重视环境美、园林美,体验到园林美在改善生活质量中的重要性。全社会一齐动手,利用现有的人力和物质条件,搞好城市园林绿化建设和管理,坚持不懈、不断努力。相信随着经济的发展,我国城市环境的条件一定会大大改善(见图5-12、图5-13)。

图5-13 北京奥林匹克公园局部设计

思考题:
  1. 时代对园林美有何要求?
  2. 简述园林艺术造园趋势?
  3. 园林美与城市现代化有何关系?
  4. 我国在城市环境艺术建设方面应确定怎样的目标?

第6章　园林管理与园林美学

园林管理作为园林美学在实践中的具体应用,对于维持园林的正常运转,使园林美得以长久地完美体现,起着至关重要的作用。其内容首先是对从业职工的管理,培养园林职工的园林美学意识与素养,其他还有花木种植管护,各种设施维护,园林环境的清理,对游客导游及生活服务等项工作。它还是将园林美作为商品,为消费者提供美感享受的市场经济活动。本章就保持和发挥园林美感效益这一管理工作中心所涉及的几个方面加以论述。

6.1　园林的日常维护与园林美

6.1.1　植物配置的韵律美的维护

植物的形态、颜色等特征是构成园林美的基础之一,植物的配置在园林中是有韵律感的。管理工作中,为了使园林的美得以常新,仍需时时注意保持植物配置的合理安排、调节,使其美感得到更好的体现。

当然,园林中植物的总体配置,是建园时大致安排好的,尤其是一些高大树木,多年生名贵花卉及花坛的位置等都有设计安排。但草本植物、一年生花卉需经常更换,日常维护工作中,就要注意高大乔木与低矮植物的协调、配合,花卉颜色的搭配,季候的特点,尤其是冬天,园林中怎样通过植物配置来减少萧条冷落之感,这些都是管理工作的课题。

近年来,各个园林中普遍运用盆栽草花,或低成本、易种植而颜色、形态上又颇具观赏性的花卉,与裸地种植的花卉、灌木丛或雕塑等特定景物有机组合的方法,美感效果较好,灵活性也强,既能抓住一年四季的不同特点来进行管理、配置,又能适应各种特殊需要,如游园或节庆活动等,在经济上也是可行的。

此外,在落叶植物较集中的地方或小块草坪及裸地花卉附近引种一些冬天仍能保持绿色的黑麦草等,也是一种点缀冬景的比较简便易行的方法之一。

古典园林中植物的日常维护,需结合园子的特色确定维护原则,陈从周先生在《说园》中曾讲过:"……近年来没有注意这个问题,品种搞乱了,各园个性渐少,似要引以为戒"。

应当强调拥有古树(100年以上)的园林,对古树名木的护理是保护活的文物。尽管有生命的树木,生命周期有限,但尽可能的使之存世长久一些,是对祖先遗产负责的表现。古树是提升园林知名度和为游人提供自然人文景观的独特景点。古树需要"特护",科学地对古树名木加以保护,是建设园林美过程中,值得探讨的课题之一。

总之,园林植物的日常维护,决不仅仅是使花草树木能健康生长,还应从更好地发挥自然美及体现整个园林的美感效益的高度来考虑。

6.1.2　植物的生长变化与园林美

园林中植物的高低、疏密及品种的交叉配置,在建园时一般是有意识地加以安排的。然而,随着树木的生长,其高低、疏密就会发生变化,有时会造成一些难题。如江南一带的风景园林中,常在山上建有供游客登高远眺的"望江亭"之类建筑,亭前当然植有树木,有时十几年一过,这些树木长高了,枝叶遮住了亭中游客的视线,从而影响了景观美的效果。又如美国纽约著名的中央公园,已有 100 多年历史,原设计树木的种植密度随树木长大而显得过分拥挤,管理人员对此颇感为难。从这两个例子中我们可以看到,植物的生长变化有时会造成一些意外的效果,除了在设计建园时要作长远考虑外,在管理中如何结合特定景观加以调整,使这种变化不破坏原有的园林美,也是需加注意的一个问题。

还有一些人工整形修剪的绿篱或特殊造形的树木,如松柏动物造型、建筑造型、百日红编成的花篮、拱门等,更要经常加以维护,使它保持原有的作用和特点,或作道路隔离,或作区域界限,或作景观点缀。这中间还要注意与周围环境的协调,如果环境、背景有所变动,则整形修剪的植株也要考虑作适当调整。

6.1.3 园林清洁健康美

园林除了观赏效果以外,本身还承担着净化环境的作用,所以园林管理中还有一条与园林美有关的原则,那就是"清洁健康也是美"。这一原则在许多先进国家都作为园林管理的一项行之有效的经验。植物要经常保持清洁,干干净净无病虫害,建筑、雕塑无人为破坏、乱涂乱画,草地树木一尘不染的园林,才能使人身心愉快、赏心悦目。目前在这个问题上,国内各园林的管理水平是不平衡的。有的公园原有景观基础不错,但园内杂物遍地,湖泊、水池面上漂浮着纸片、塑料袋、食品盒一类的垃圾;或者是厕所的选址及打扫不够理想,异味扑鼻;建筑物失修,游人涂抹如生藓疥,这样的园林,难有"美感"可言。至于落叶与杂草的问题,目前看法还不统一,我们认为,至少树丛中的落叶无需清除,甚至一些曲径小路上的落叶,如果没有其他杂物,也不必急于清除。要知道,在散步时脚踏落叶、耳听枯叶碎裂的声响,是别有韵味的。从视觉效果上说,这也能平添几份野趣。某些地方的杂草如长得不是很高,而铲去就会造成"黄土朝天",似乎也可暂时手下留情。

思考题:

园林日常维护与园林美有何关系?

6.2 园林更新与园林美

6.2.1 协调更新

园林除了做好日常维护以外,在必要时,还需进行局部景点的调整建设,植物更新,道路、建筑的翻修、增添等等。这时一方面要考虑实际需求(包括审美需求和生活需求),另一方面仍需注意园林的整体协调的美感与风格,所以应持慎重的态度。现在有些公园的管理工作者忽视了园林管理的独特性,运用一般企业管理的经验,常常喜欢大兴土木,似乎在公园里也是以搞基建的数量作为工作成绩的标志之一,这是与园林作综合艺术的特点不相容的。公园的美感,要以自然美作为主要追求目标,中国古典园林中建筑物过密的缺陷是有其历史、社会背景的(如帝王的议事、宴乐,官僚及其眷属的居住等),这里不作评议。但我们在园林中搞建筑,不管是服务性还是其他用途的,务求以不妨碍园林自然美为前提。如果是办公设施或公园工作人员的生活设施,更应力求建在游客不易走到的位置。可能的话,以高大植物作遮掩。如果是为游客服务的,则建筑风格、外观务求与周围环境协调,不必过于追求豪华。如一个茶室,可建在游客主要通道的拐角处,用指路牌标出,沿树丛中的小径走十余米,坐落在一个小园子尽头。外观以不规则形人造大理石及仿竹形的水泥柱为主,与整个环境氛围和谐一致。

植物更新时的原则和方法与日常维护时大致相同,但可以趁更新之际,进一步突出某些景点特色,烘托气氛。从全园的植株安排来说,可以在整齐中求变化,集中与分散相结合。当然,也可以根据一些新的实际情况、实际需求作相应调整。

道路、灯具以至一些附属物的更新也同样遵循"协调是一种美"的原则。一些公园中的废物箱在造型、色彩上常常能考虑到美学效果,这是很好的经验,但路牌、灯具的设置有时还没有考虑到风格的协调。道路的调整、铺修当然要考虑到游客量的实际情况,但与平常的城区道路应有所区别,也要力求不妨碍园林的美感效果,即使为了需要拓建这样的道路,也要以植物来作陪衬。反过来说,"曲径通幽"也不是处处都能适用的。按照常规,公园设计时的道路在游园的美学效果上已考虑以人为本,管理工作者应力求在此基础上作局部调整,使之更趋合理或满足新的需要。另外,还要求服务设施、服务质量也需同步提高。

6.2.2 合理利用

合理利用园林空间是在园林更新、改建时应该注意的。着重提出这一点是因为近年来某些公园在盲目攀比的思想指导下,在园林建设中求繁求多,增设花坛、雕塑、喷水池、亭榭长廊……不考虑审美实际需要。自以为是进一步搞好园林建设,实际上在原有的园子中到处画蛇添足,不但不能起到更好的美感效果,反而如《红楼梦》中的刘姥姥,插了满头满脑的鲜花,效果适得其反。对这些"费力不讨好"的管理人员来说,重提"简单也是美"的原则是有一定意义的。尤其是盲目追求门票收入,争建"游乐宫"之类的人造景点,不仅不美,反而因违规占用园地,破坏整体规划,而大煞风景,这种急功近利之举必须克服。

在园林的更新、改建时,合理利用园林中原有的某些带有一定特点的景物,甚至利用在公园外部环境中可作"借景"的一些客观形体,则能收到事半功倍的效用。大城市中的一些公园周围环境因城市建设的飞速发展,出现了一些造型、色彩别致的高大建筑物,在公园作一定程度的更新、改建时,就可以在设计工作中利用一些美学原理加以借用。如某公园外部有一拜占庭式天主教堂,蓝色圆顶配金色十字架,颇具美感,公园在某一位置以植物配置相协调,则于园内一角形成一个较受游人欢迎的观赏点和摄影点。又如上海某公园内原有一座大理石建造的颇具古罗马风格的凉亭,可惜周围既没有紫藤、葡萄藤一类的植物,也缺乏其他与之协调的建筑,相反在距离不远的地方建了一个厕所,实在令人遗憾。

思考题:

为什么说园林更新也是美?

6.3 园林管理与园林功效

园林的功效,人们常常从不同的角度来看待、理解,因此说法也就各异,除现代的园林主要功效是为满足人民大众多层次多角度的审美需求,是供人们游憩的场所外,无论哪类园林,总含有某种意义上和某种程度上的大自然的"烙印"。当然,各种风格的园林,体现出来的审美价值的主体是有一定区别的。如苏州园林以古典建筑、假山水池的配置为主,人文、名胜的审美价值较高。北京大观园是仿古建筑,借助于《红楼梦》这一古典文学名著的比重就很大。植物园以植物品种的繁多与珍贵见长……,这些特色园林的特殊功效对管理工作是有特殊要求的。从总体上讲,园林的功效和它作为一门综合艺术的特点是统一的,但它的复杂性就在于其"综合"的内涵及侧重点有相当的差别。搞好管理工作,就是要抓住这些特点,使自己园林的特色得以发扬光大,使园林的功效更显著,社会效益更大。

园林的功效基本上是为满足人民群众多层次多角度的审美需求,那么,园林管理工作也就可以而且应该从这个基本点出发,挖掘潜力,尽量以现有景观、设施为人民群众的文化生活多作贡献,这是许多园林管理人员应努力探索的途径。而不是片面地认为公园只要搞好绿化,种好花卉,提供一个美的环境就可以了。诚然这是公园的首要与主要的任务,但公园既然作为人民大众游憩的场所,在"游"与"憩"的内涵中就可以进一步拓展内容,适应时代与群众的需求,探寻更深更广的服务途径,从而对园林本身的建设及发展有所促进。这里除了有方法问题,比如如何在公园内开展一些适宜的文化活动等。主要还在于如何提高管理者的综合素质,诸如文化修养、美学修养、管理艺术等,变园林看守者型为功效建设者型,这也是管理者与时俱进、开拓进取的先决条件。

就文化活动而言,中国的古典园林,尤其是江南的私家园林,作为一种古迹和文化传统,保留至今是十分珍贵的,但它有一定的空间局限性,如建筑密度高,道路流通量小。过去士大夫与朋友或眷属常常是三五个至多十几个人在此吟诗赏景,情趣当然是很清雅的。但现在对人民大众的需求来说,它的作用就受到一定限制。除了举办一些特殊的观众面较狭窄的古代文化展览外,一般不适宜举办大型活动。而一些近代或现代兴建的公园就可以利用本身的面积和环境开展一些有益的活动,但应该是在保持和发扬园林美的前提下,使活动内容和形式适合园林的特点,这样就可以做到既丰富人民大众的文化生活,又为公园创造更多的社会效益与经济效益。

各地公园利用季节或地方特点在园内举行花卉展览,如菊展、郁金香展、牡丹花展,还有书画展、文物展、大地艺术展、园艺博览会等,常常是游客如云,效果很好。这类特色活动不仅不会妨碍园林美,相反对公园的各项工作还有促进作用。而这类活动都是利用园林特点,使花卉等展品与园林风景有机地融合在一起,与一般的展览场所比较,公园在这方面具有得天独厚的优势,园内道路的曲折和高大树木的分隔,又能使展览的各类特色分别得以逐个展示,在美学效果上显然是更胜一筹。1991年在上海中山公园举办的中华民俗风情游艺会和哈尔滨市每年冬季举办的闻名中外的冰灯、冰雕展都是这类成功的例子。

正确对待园林的经济效益是十分必要的,在努力提高园林功效管理的同时,既不能忽视经济效益又不能不顾园林的特点,一味追求经济效益,在园林风景区内举办商品展销会一类的活动,那就违背了保持、发扬园林美的前提。还有少数公园让一些低级庸俗的"杂耍"班子在大草坪上搭起帐篷,导致植被遭破坏,污染环境,噪声使游客感到心烦意乱。这些现象都是眼光短浅的表现,也是园林管理与园林美学脱节的表现。又有些风景名胜区内不加限制地让个体小贩设摊兜售小商品或饮料,叫卖之声此起彼伏,摊位鳞次栉比,不仅妨碍观瞻,又堵塞通道,陈从周先生曾对此类现象批评道:"如今风景区与园林倾向商店化,似乎游人游览就是采购物品,宜乎古刹成庙会,名园皆市肆……山林之美,贵乎自然"。

此外,为游园者提供配套的服务是园林管理者的职责,服务项目繁多,这里就设立餐厅与园林美的关系作一简析。在一些大的公园与风景名胜区,按照实际需要搞餐厅是否可行? 有些人对此持有异议,认为只宜设茶室,餐厅应放在公园外或名胜区的主要景点外围。但这会造成游客很大不便,在经济效益上也不大相宜。从各地的实际情况来看,这恐怕是一个势在必行的问题,所以还是采取因势利导的方针为妥。这里要注意两个问题:一是餐厅在外观上尽量不妨碍园林美,不要片面追求豪华、现代化(不是指内部设施);二是在饮食内容上最好能结合园林或风景区特色,力求弘扬中华饮食文化传统。如在"大观园"中举办"红楼宴",推出红楼食谱;北京颐和园中恢复仿膳;浙江山区的一些风景点结合竹文化推出特色食谱等等。这样不仅能进一步渲染某些园林与风景名胜区的文化氛围与传统特色,为游客提供舒适的服务和享受,给园林管理工作带来较可观的经济效益,从心理学角度讲,在游客的感觉上还能进一步提高园林特有的美感效果。

总之,对于园林经济效益,我们应归纳出一条原则,就是必须在保持、发扬园林美的前提下,根据实际情况的需要考虑经济效益。这是园林作为一门综合艺术在管理工作中应该遵循的方针之一。只有这样,才能保证园林长久地发挥它应有的整体社会效益,才能使园林在美化人民的生活中发挥更充分的作用。

思考题:

如何正确处理园林管理中的社会效益、园林美与经济效益的关系?

6.4 园林可收藏之美

除上述在园林游览中的可见之美外,园林尚有可收藏之美,这种美可以使游者离园而去后,仍能睹物思园。这里的收藏当然不仅局限于旅游纪念品本身,包括一切可以凭借来怀想游园乐趣的物品乃至活动。当今,随着物质文化生活的丰富,人们对于游赏景区的需求,不再局限于观赏、拍照的层次,而是希望相对长久地保存这份审美愉悦的记忆。如何为游人提供保留记忆的载体,使之在有所乐、有所感之余,还能有所获,是值得园林管理者研究的。并且应当说,这在某种意义上是将该园的美感带给更多人共享或诱导潜在消费欲望的良机,在宣传园林品牌的层面上,无疑是使游客自愿买走了该园的广告。

6.4.1 独具魅力的特色纪念品

可唤起游兴记忆的收藏品多为旅游纪念品,但时下各地景点出售的小饰物、纪念章、文物复制品、工艺品……常常是千篇一律,除了一些食品类的土特产外,难有特色可言。似乎走进任何一家旅游商店都有此类同样的收获。当然,一些著名景区也不乏成功例子。

笔者所到之处不多,但有些收藏至今十分珍视,有些地方难于复往,更显珍贵。例如:绘有导游路线的庐山纸扇,至今展开仍可神游各景点;成都杜甫草堂的现场手刻印石,颇显诗圣朴质遗风;徽墨歙砚,则独具细腻雅致的徽州风情,粉墙黛瓦浮现眼前。

诚然,并非各景区都有现成的地方名产可用,尤其在一些以人工景物为主的公共园林,为此,就需要在开发自身景点美感的深层次价值上做文章。井冈山主峰罗霄山,为一版百元人民币的主景图案,管理者不但设点让游人拍摄,还提供纸币的放大图案,使游人得到人在"币画"中的乐趣。由此想来,园中有代表性的景点,皆可入画,加之现代科技的成像技术,可以在一些不同介质表面生成影像,从而使游人在水杯、手袋、文化衫上,都能得到自己"画中游"的倩影。若是再以手工现场制作的方式,开发一些民间手工艺品,更是符合现代人的口味。这就需要园林美的管理者,重视这方蕴涵商机的领域,开发研究出具有自身特色的艺术品,为园林美添加绕梁之余韵。这也是供需双赢的大市场。

6.4.2 余味无穷的参与性活动

各名胜景区常有此类警语:"除了脚印什么也别留下,除了照片什么也别带走。"但时常有人,攀折花木,污损建筑,"到此一游"的"题刻"更是屡见不鲜。这不单是个别人修养差的问题,它从侧面反映了游客在游赏园林时,不仅满足于被动观看的心理,还需要一些乐在其间的参与性活动来体现自身价值。参与性活动,不能简单地视为套圈、射箭等游艺活动;更不可利用某些景点的特殊现象来进行占卜等迷信活动(历史遗留的文化特色除外,如酆都鬼城)。应当让游人通过参与活动,更加深刻地了解园林美的内涵,同时又将一段有意义的经历,作为今后可以夸耀于友人的珍贵记忆来珍藏。

要体现自身价值,最直接的方法就是让游客参与到园林美的创造过程中来,通过自己的劳动,来体验创作美的快乐。辟出一片林地,让游客手植纪念树,将人生的美好记忆珍藏在树木的年轮里;还可以认养古树名木,让美名与人文景观一起流传;在专业人员的指导下,栽培花卉、修剪果树、制作盆景,劳动之余还会收获颇丰;通过征集景点的创意方案,命名题咏,让游人体验设计师和文人墨客的感觉,当游客全身心地投入到园林美的创造中时,不但增长了游兴与知识,还会将园林作为自己的作品来爱护、珍藏,同时也会创造可观的收益,真是一举两得。

参加了创造美的活动,带走了匠心独运的纪念品,游客心中将会长久珍藏着一座自己的风景园林,时时以美的记忆召唤着他们的重游。

参 考 文 献

1　李泽厚著. 美的历程. 北京：文物出版社,1980

2　明·计成原著、陈植注释. 园冶注释. 北京：中国建筑工业出版社,1981

3　清·李渔著. 闲情偶寄. 杭州：浙江古籍出版社

4　清·陈昊子著. 花镜. 北京：中国农业出版社,1985

5　周武忠著. 园林美学. 北京：中国农业出版社,1996

6　汪菊渊著. 中国古代园林史纲要. 北京：北京林业大学,1980

7　童隽著. 江南园林志. 北京：中国建筑工业出版社,1963

8　童隽著. 造园史纲. 北京：中国建筑工业出版社,1983

9　孙筱祥编著. 园林艺术及园林设计. 北京：北京林业大学 1986

10　蒋孔阳著. 美和美的创造. 南京：江苏人民出版社,1981

11　王朝闻著. 美学概论. 北京：人民出版社,1981

12　朱光潜著. 美学和中国美术史. 北京：知识出版社,1982

13　彭一刚著. 中国古典园林分析. 北京：中国建筑工业出版社,1986

14　余树勋著. 园林美于园林艺术. 北京：科学出版社,1987

15　朱江著. 扬州园林品赏录. 上海：上海文化出版社,1986

16　陈从周著. 说园. 上海：同济大学出版社,1984

17　万叶等编著. 园林美学. 北京：中国林业出版社,2001

18　汪菊渊著. 外国园林史纲要. 北京：北京林业大学,1980

19　朱有介著. "园林"名称溯源. 中国园林. 1985(2)

20　刘叔成著. 美学基本原理. 上海：上海人民出版社,1981

21　张家骥著. 中国造园史. 黑龙江：黑龙江人民出版社,1986

22　张敕著. 建筑庭园空间. 天津：天津科学技术出版社,1986